智能制造系列教材

智能工艺设计

INTELLIGENT PROCESS PLANNING

邓朝晖 刘伟 万林林 吕黎曙 刘涛 编著

清華大学出版社
北京

版权所有，侵权必究。举报：010-62782989，beiqinquan@tup.tsinghua.edu.cn。

图书在版编目(CIP)数据

智能工艺设计/邓朝晖等编著. —北京：清华大学出版社，2023.4
智能制造系列教材
ISBN 978-7-302-63285-6

Ⅰ. ①智…　Ⅱ. ①邓…　Ⅲ. ①人工智能－应用－工艺设计－教材　Ⅳ. ①TB4-39

中国国家版本馆 CIP 数据核字(2023)第 059383 号

责任编辑：刘　杨
封面设计：李召霞
责任校对：赵丽敏
责任印制：朱雨萌

出版发行：清华大学出版社
网　　址：http://www.tup.com.cn，http://www.wqbook.com
地　　址：北京清华大学学研大厦 A 座　　**邮　　编**：100084
社 总 机：010-83470000　　**邮　　购**：010-62786544
投稿与读者服务：010-62776969，c-service@tup.tsinghua.edu.cn
质量反馈：010-62772015，zhiliang@tup.tsinghua.edu.cn
印 装 者：三河市春园印刷有限公司
经　　销：全国新华书店
开　　本：170mm×240mm　　**印　　张**：9　　**字　　数**：179 千字
版　　次：2023 年 6 月第 1 版　　**印　　次**：2023 年 6 月第1 次印刷
定　　价：29.00 元

产品编号：088943-01

智能制造系列教材编审委员会

主任委员

李培根　雒建斌

副主任委员

吴玉厚　吴　波　赵海燕

编审委员会委员（按姓氏首字母排列）

陈雪峰	邓朝晖	董大伟	高　亮
葛文庆	巩亚东	胡继云	黄洪钟
刘德顺	刘志峰	罗学科	史金飞
唐水源	王成勇	轩福贞	尹周平
袁军堂	张　洁	张智海	赵德宏
郑清春	庄红权		

秘书

刘　杨

丛书序1

FOREWORD

多年前人们就感叹，人类已进入互联网时代；近些年人们又惊叹，社会步入物联网时代。牛津大学教授舍恩伯格(Viktor Mayer-Schönberger)心目中大数据时代最大的转变，就是放弃对因果关系的渴求，转而关注相关关系。人工智能则像一个幽灵徘徊在各个领域，兴奋、疑惑、不安等情绪分别蔓延在不同的业界人士中间。今天，5G的出现使得作为整个社会神经系统的互联网和物联网更加敏捷，使得宛如社会血液的数据更富有生命力，自然也使得人工智能未来能在某些局部领域扮演超级脑力的作用。于是，人们惊呼数字经济的来临，憧憬智慧城市、智慧社会的到来，人们还想象着虚拟世界与现实世界、数字世界与物理世界的融合。这真是一个令人咋舌的时代！

但如果真以为未来经济就"数字"了，以为传统工业就"夕阳"了，那可以说我们就真正迷失在"数字"里了。人类的生命及其社会活动更多地依赖物质需求，除非未来人类生命形态真的变成"数字生命"了，不用说维系生命的食物之类的物质，就连"互联""数据""智能"等这些满足人类高级需求的功能也得依赖物理装备。所以，人类最基本的活动便是把物质变成有用的东西——制造！无论是互联网、物联网、大数据、人工智能，还是数字经济、数字社会，都应该落脚在制造上，而且制造是其应用的最大领域。

前些年，我国把智能制造作为制造强国战略的主攻方向，即便从世界上看，也是有先见之明的。在强国战略的推动下，少数推行智能制造的企业取得了明显效益，更多企业对智能制造的需求日盛。在这样的背景下，很多学校成立了智能制造等新专业(其中有教育部的推动作用)。尽管一窝蜂地开办智能制造专业未必是一个好现象，但智能制造的相关教材对于高等院校与制造关联的专业(如机械、材料、能源动力、工业工程、计算机、控制、管理……)都是刚性需求，只是侧重点不一。

教育部高等学校机械类专业教学指导委员会(以下简称"机械教指委")不失时机地发起编著这套智能制造系列教材。在机械教指委的推动和清华大学出版社的组织下，系列教材编委会认真思考，在2020年新型冠状病毒感染疫情正盛之时进行视频讨论，其后教材的编写和出版工作有序进行。

编写本系列教材的目的是为智能制造专业以及与制造相关的专业提供有关智能制造的学习教材，当然教材也可以作为企业相关的工程师和管理人员学习和培训之用。系列教材包括主干教材和模块单元教材，可满足智能制造相关专业的基础课和专业课的需求。

主干教材，即《智能制造概论》《智能制造装备基础》《工业互联网基础》《数据技术基础》《制造智能技术基础》，可以使学生或工程师对智能制造有基本的认识。其中，《智能制造概论》教材给读者一个智能制造的概貌，不仅概述智能制造系统的构成，而且还详细介绍智能制造的理念、意识和思维，有利于读者领悟智能制造的真谛。其他几本教材分别论及智能制造系统的"躯干""神经""血液""大脑"。对于智能制造专业的学生而言，应该尽可能必修主干课程。如此配置的主干课程教材应该是本系列教材的特点之一。

本系列教材的特点之二是配合"微课程"设计了模块单元教材。智能制造的知识体系极为庞杂，几乎所有的数字-智能技术和制造领域的新技术都和智能制造有关，不仅涉及人工智能、大数据、物联网、5G、VR/AR、机器人、增材制造(3D 打印)等热门技术，而且像区块链、边缘计算、知识工程、数字孪生等前沿技术都有相应的模块单元介绍。本系列教材中的模块单元差不多成了智能制造的知识百科。学校可以基于模块单元教材开出微课程(1 学分)，供学生选修。

本系列教材的特点之三是模块单元教材可以根据各所学校或者专业的需要拼合成不同的课程教材，列举如下。

#课程例 1——"智能产品开发"(3 学分)，内容选自模块：

- 优化设计
- 智能工艺设计
- 绿色设计
- 可重用设计
- 多领域物理建模
- 知识工程
- 群体智能
- 工业互联网平台

#课程例 2——"服务制造"(3 学分)，内容选自模块：

- 传感与测量技术
- 工业物联网
- 移动通信
- 大数据基础
- 工业互联网平台
- 智能运维与健康管理

#课程例 3——"智能车间与工厂"(3 学分)，内容选自模块：

- 智能工艺设计
- 智能装配工艺

- 传感与测量技术
- 智能数控
- 工业机器人
- 协作机器人
- 智能调度
- 制造执行系统(MES)
- 制造质量控制

总之,模块单元教材可以组成诸多可能的课程教材,还有如“机器人及智能制造应用”“大批量定制生产”等。

此外,编委会还强调应突出知识的节点及其关联,这也是此系列教材的特点。关联不仅体现在某一课程的知识节点之间,也表现在不同课程的知识节点之间。这对于读者掌握知识要点且从整体联系上把握智能制造无疑是非常重要的。

本系列教材的编著者多为中青年教授,教材内容体现了他们对前沿技术的敏感和在一线的研发实践的经验。无论在与部分作者交流讨论的过程中,还是通过对部分文稿的浏览,笔者都感受到他们较好的理论功底和工程能力。感谢他们对这套系列教材的贡献。

衷心感谢机械教指委和清华大学出版社对此系列教材编写工作的组织和指导。感谢庄红权先生和张秋玲女士,他们卓越的组织能力、在教材出版方面的经验、对智能制造的敏锐性是这套系列教材得以顺利出版的最重要因素。

希望本系列教材在推进智能制造的过程中能够发挥“系列”的作用!

2021年1月

丛书序2

FOREWORD

制造业是立国之本，是打造国家竞争能力和竞争优势的主要支撑，历来受到各国政府的高度重视。而新一代人工智能与先进制造深度融合形成的智能制造技术，正在成为新一轮工业革命的核心驱动力。为抢占国际竞争的制高点，在全球产业链和价值链中占据有利位置，世界各国纷纷将智能制造的发展上升为国家战略，全球新一轮工业升级和竞争就此拉开序幕。

近年来，美国、德国、日本等制造强国纷纷提出新的国家制造业发展计划。无论是美国的"工业互联网"、德国的"工业 4.0"，还是日本的"智能制造系统"，都是根据各自国情为本国工业制定的系统性规划。作为世界制造大国，我国也把智能制造作为推进制造强国战略的主攻方向，并于 2015 年发布了《中国制造 2025》。《中国制造 2025》是我国全面推进建设制造强国的引领性文件，也是我国实施制造强国战略的第一个十年的行动纲领。推进建设制造强国，加快发展先进制造业，促进产业迈向全球价值链中高端，培育若干世界级先进制造业集群，已经成为全国上下的广泛共识。可以预见，随着智能制造在全球范围内的孕育兴起，全球产业分工格局将受到新的洗礼和重塑，中国制造业也将迎来千载难逢的历史性机遇。

无论是开拓智能制造领域的科技创新，还是推动智能制造产业的持续发展，都需要高素质人才作为保障，创新人才是支撑智能制造技术发展的第一资源。高等工程教育如何在这场技术变革乃至工业革命中履行新的使命和担当，为我国制造企业转型升级培养一大批高素质专门人才，是摆在我们面前的一项重大任务和课题。我们高兴地看到，我国智能制造工程人才培养日益受到高度重视，各高校都纷纷把智能制造工程教育作为制造工程乃至机械工程教育创新发展的突破口，全面更新教育教学观念，深化知识体系和教学内容改革，推动教学方法创新，我国智能制造工程教育正在步入一个新的发展时期。

当今世界正处于以数字化、网络化、智能化为主要特征的第四次工业革命的起点，正面临百年未有之大变局。工程教育需要适应科技、产业和社会快速发展的步伐，需要有新的思维、理解和变革。新一代智能技术的发展和全球产业分工合作的新变化，必将影响几乎所有学科领域的研究工作、技术解决方案和模式创新。人工智能与学科专业的深度融合、跨学科网络以及合作模式的扁平化，甚至可能会消除某些工程领域学科专业的划分。科学、技术、经济和社会文化的深度交融，使人们可以充分使用便捷的软件、工具、设备和系统，彻底改变或颠覆设计、制造、销售、服务和消费方式。因此，工程教育特别是机械工程教育应当更加具有前瞻性、创新性、开放性和多样性，应当更加注重与世界、社会和产业的联系，为服务我国新的“两步走”宏伟愿景做出更大贡献，为实现联合国可持续发展目标发挥关键性引领作用。

需要指出的是，关于智能制造工程人才培养模式和知识体系，社会和学界存在多种看法，许多高校都在进行积极探索，最终的共识将会在改革实践中逐步形成。我们认为，智能制造的主体是制造，赋能是靠智能，要借助数字化、网络化和智能化的力量，通过制造这一载体把物质转化成具有特定形态的产品(或服务)，关键在于智能技术与制造技术的深度融合。正如李培根院士在丛书序1中所强调的，对于智能制造而言，“无论是互联网、物联网、大数据、人工智能，还是数字经济、数字社会，都应该落脚在制造上”。

经过前期大量的准备工作，经李培根院士倡议，教育部高等学校机械类专业教学指导委员会(以下简称“机械教指委”)课程建设与师资培训工作组联合清华大学出版社，策划和组织了这套面向智能制造工程教育及其他相关领域人才培养的本科教材。由李培根院士和雒建斌院士、部分机械教指委委员及主干教材主编，组成了智能制造系列教材编审委员会，协同推进系列教材的编写。

考虑到智能制造技术的特点、学科专业特色以及不同类别高校的培养需求，本套教材开创性地构建了一个“柔性”培养框架：在顶层架构上，采用“主干教材＋模块单元教材”的方式，既强调了智能制造工程人才必须掌握的核心内容(以主干教材的形式呈现)，又给不同高校最大程度的灵活选用空间(不同模块教材可以组合)；在内容安排上，注重培养学生有关智能制造的理念、能力和思维方式，不局限于技术细节的讲述和理论知识的推导；在出版形式上，采用“纸质内容＋数字内容”的方式，“数字内容”通过纸质图书中列出的二维码予以链接，扩充和强化纸质图书中的内容，给读者提供更多的知识和选择。同时，在机械教指委课程建设与师资培训工作组的指导下，本系列书编审委员会具体实施了新工科研究与实践项目，梳理了智能制造方向的知识体系和课程设计，作为规划设计整套系列教材的基础。

本系列教材凝聚了李培根院士、雒建斌院士以及所有作者的心血和智慧，是我国智能制造工程本科教育知识体系的一次系统梳理和全面总结，我谨代表机械教指委向他们致以崇高的敬意！

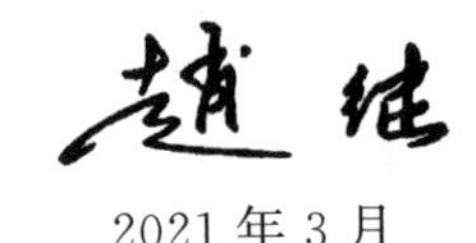

2021年3月

前言

PREFACE

工艺设计是制造类企业技术部门的主要工作之一，它直接连接着产品设计与生产，其质量的优劣及设计效率的高低对生产组织、产品质量、产品成本、生产效率、生产周期等有着极大的影响。随着制造业进入信息化及知识经济的时代，现在机械零件产品的生产以多品种小批量生产为主导，传统的工艺设计方法远不能适应现在行业发展的需要，而大量的实例表明，实施智能工艺设计可为企业带来重大收益。

计算机辅助工艺规划(computer aided process planning，CAPP)是工艺人员应用信息技术、计算机技术及智能化技术，把企业的产品设计数据转化为产品制造数据的一种技术。智能工艺设计则是在CAPP的基础上，以数字化方式创建工艺设计过程的虚拟实体，利用智能传感、云计算、大数据处理及物联网等技术来实现历史及实时工艺设计数据与知识的感知，借助于计算机软、硬件技术和支撑环境，通过数值计算、逻辑判断、仿真和推理等的功能来模拟、验证、预测、决策、控制设计过程，从而形成零件从毛坯到成品整个设计过程"数据感知—实时分析—智能决策—精准执行"的闭环，最终实现工艺设计的智能化、实时化、显性化、流程化、模块化和闭环化。

智能工艺设计是"传统的以经验为主的设计模式"向"基于建模和仿真的科学设计模式"的转变结果，其研究和应用主要围绕着两个方面展开：一是不断完善自身在应用中出现的不足；二是不断满足新的技术、制造模式对其提出的新要求。目前，智能工艺设计的研究和应用存在一些局限，如工艺设计结果多是静态；工艺设计的应用只集中在机械加工工艺设计；智能工艺设计系统还无法实现对工艺知识的总结、积累和应用；与企业的各种应用系统进行集成时存在部分信息孤岛；不能适应新制造模式的需求等。因此，未来智能工艺设计的发展，将在应用范围、应用的深度和水平等方面进行拓展，大力发展网络协同化与行业化，广泛应用动态工艺数据与知识，与数字孪生等新兴技术深度融合，实现智能工艺设计系统的多功能信息集成，由"智能"工艺设计转向"智慧"工艺设计。

聚焦智能工艺设计技术的突破与创新，全力推进智能制造向纵深发展是深入实施制造强国战略的重要环节。基于智能工艺设计技术近年来的发展，作者归纳整理了相关领域的基础理论、深层次方法和前沿技术，编撰了《智能工艺设计》这本书。本书主要内容有：智能工艺设计概述，智能 CAPP 系统，智能工艺系统，智能工艺设计应用案例等。本书可供高等学校机械工程、电气工程及自动化、自动化、计算机科学与技术等专业的本科生和研究生使用，还可供从事智能工艺设计研究及工作的科技人员参考。

本书由华侨大学邓朝晖、湖南科技大学刘伟、万林林、吕黎曙与湖南工业大学刘涛等编著。第 1 章由邓朝晖、吕黎曙撰写；第 2 章由万林林、李重阳撰写；第 3 章由刘伟、吕黎曙、肖罡、葛吉民撰写；第 4 章由邓朝晖、刘涛撰写；全书由邓朝晖、刘伟统稿。在本书的编撰过程中，编者参阅和引用了不少国内外学术文献，已在书后的参考文献中列出。

感谢清华大学出版社为智能制造系列教材的发起、推动及出版所作的重要贡献，感谢刘杨编辑为本书的出版所付出的努力。

由于编者水平有限，书中不妥之处在所难免，恳请读者批评指正，作者深表感谢。

邓朝晖

2022 年 7 月

目录
CONTENTS

第1章

智能工艺设计概述

1.1 智能工艺设计及其发展演化

1.1.1 智能工艺设计的基本概念与内涵

1. 智能工艺设计的基本概念

工艺设计是制造类企业技术部门的主要工作之一，其质量的优劣及设计效率的高低，对生产组织、产品质量、产品成本、生产效率、生产周期等有着极大的影响。工艺设计是典型的复杂问题，它包含了分析、选择、规划、优化等不同性质的各种功能要求，所涉及的知识和信息量相当庞大，与具体的生产环境，如空气湿度、环境温度、设备自动化程度等有着密切关联，而且还严重依赖经验知识。工艺设计的基本涵义（如图 1-1 所示）可以概括如下：①考虑制订工艺计划中所有条件/约束的决策过程，涉及各种不同的决策；②在车间或工厂内制造资源的限制下将制造工艺知识与具体设计相结合，准备其具体操作说明的活动；③连接产品设计与制造的桥梁。

工艺设计：工艺规程设计和工艺装备设计的总称

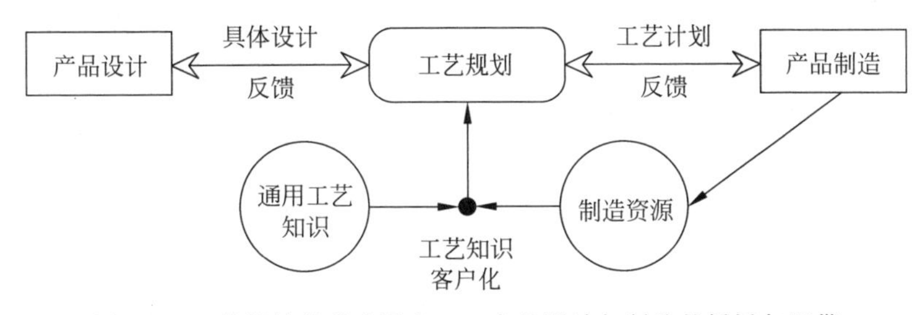

图 1-1 工艺设计的基本涵义——产品设计与制造的桥梁与纽带

CAPP 是工艺设计人员应用信息技术、计算机技术及智能化技术，把企业的产品设计数据转化为产品制造数据的一种技术。其主要特点有：能够帮助工艺设计人员减少大量繁琐的重复劳动，可以把主要精力放在新产品、新技术和新工艺的研发上面；能够增强工艺的继承性，可以实现现有资源利用的最大化，进而减少生产成本；能够让并没有很多工作经验的工艺规划师做出高质量的工艺方案，实现缓解制造业设计任务繁重的目的。

随着计算机软硬件技术的不断成熟,计算机辅助工艺规划的理论与方法已发生了质的飞跃。将人工智能理论应用于计算机辅助工艺规划是新近发展起来的研究热点之一,也是工艺设计现代化的发展趋势。它不仅把人工智能领域中的研究成果移植到了计算机辅助工艺规划中,而且还扩大了人工智能的应用领域,使两者得到完美结合和共同发展。

智能工艺设计在传统 CAPP 定义的基础上需完整包含两个方面的内容:一是工艺设计流程显性化、流程化和模块化;二是工艺设计活动智能化、闭环化。结合传统计算机辅助设计的概念,智能工艺设计的概念可以被概括为:以数字化方式创建工艺设计过程的虚拟实体,利用智能传感、云计算、大数据处理及物联网等技术来实现历史及实时工艺设计数据与知识的感知,借助于计算机软、硬件技术和支撑环境,通过数值计算、逻辑判断、仿真和推理等的功能来模拟、验证、预测、决策、控制设计过程,从而形成零件从毛坯到成品整个设计过程"数据感知—实时分析—智能决策—精准执行"的闭环,最终实现工艺设计的智能化、实时化、显性化、流程化、模块化和闭环化。

2. 智能工艺设计的内涵

在机械制造领域中,计算机技术的运用非常普遍,在发展进步的过程中,原本互相独立存在的计算机辅助设计(computer aided design,CAD)与计算机辅助制造(computer aided manufacturing,CAM)逐渐融合,计算机辅助工艺规划就是在这两者进行有效融合的过程中出现的。传统的计算机辅助工艺规划技术具有以下功能:第一,在计算机中输入有效设计参数;第二,对机械制造过程中应用的工艺流程、基本工序和运用的相关器具等进行确定;第三,明确机械制造中的切削用量;第四,对机械制造资金投入量以及使用的时间进行计算;第五,对相关设计数据进行展现等。智能工艺设计是"传统的以经验为主的设计模式"向"基于建模和仿真的科学设计模式"的转变结果。虚拟样机技术与系统仿真方法相结合,既可以发挥仿真工具的预测能力,又可以将工艺人员的经验融合到仿真过程中,进行工艺设计过程中的各种仿真分析活动。

智能工艺设计以实现工艺数字化、生产柔性化、过程可视化、信息集成化、决策自主化为核心目标,围绕基于物联网的智能化设备、智能化设计、智能化制造与数据集成平台来进行工艺设计,其基本功能体系与技术可以表示为:

(1) 控制模块。控制模块即系统主控模块,负责整合系统其他模块,提供系统对外访问界面,完成信息在各个模块间的有效通信和传递。

(2) 产品数据管理模块。零件信息的输入一般包括基本尺寸、几何拓扑信息、材料要素和技术要求信息等。

(3) 工艺设计模块。工艺设计是系统的核心模块,主要完成基于实例推理的工艺设计,包括零件特征编码、工艺实例库检索、提取相似工艺修改和编辑的功能。

在工艺设计过程中,系统可以随时调用资源库来查询机床设备、工装夹具、刀具、量具等数据库信息,便于结合企业现有资源情况快速得到符合加工要求和适应实际生产的工艺设计结果。

(4) 工艺过程智能决策优化。工艺过程决策包括生成工序卡,对工序间尺寸进行计算,生成工序图;对工步内容进行设计,确定切削用量,提供形成NC加工控制指令所需的刀位文件;对工艺参数进行设计,基于智能算法,提供最优的工艺参数。

(5) 工艺过程管理模块。把编制好的工艺提交审阅是保证投入生产中的工艺信息恰当的有效机制,实现在线工艺审阅是智能工艺设计的重要部分之一。通常工艺审阅分为四个步骤:审核、标准化、会签和批准,分别由不同的用户完成。

(6) 工艺文件管理和输出模块。智能工艺设计的最终目的是得到可以指导工业生产的工艺文件,因此,工艺文件输出是智能工艺设计不可缺少的部分。由于工艺文件主要是工艺流程卡、工序卡和工步卡,因此,选用或者定制合适的报表输出工具是工艺文件输出模块的功能。

1.1.2 智能工艺设计的需求

1. 智能工艺设计需求分析

工艺设计是产品研发的重要环节,是连接产品设计与生产制造的纽带。它所生成的工艺文件是指导生产过程及制定生产计划的重要依据。工艺设计对企业协调生产、保证产品的质量、降低生产的成本、提高产品的生产率、缩短生产的时间等都有重要的影响,因此工艺设计是生产制造中的重要工作。

工艺设计需要分析及处理相当多的数据,不仅要考虑设计零件的结构形状、材料、尺寸、生产等数据,还要了解制造过程中的加工方法、加工设备、制造条件、加工成本等数据。这些工艺数据之间的关系错综复杂,在工艺人员设计工艺方案时,必须全面而周密地对这些工艺数据进行分析及处理。一直以来,工艺方案设计方法都是依靠工艺工程师常年在企业生产活动中积累的技术及经验,以手工设计的方式进行,工艺方案的好坏基本取决于工艺工程师的自身水平。工艺方案设计中普遍存在重复性和多样性的问题。随着制造业进入了信息化及知识经济的时代,现在机械零件产品的生产以多品种小批量生产为主导,所以传统的工艺设计方法已经远不能适应现在行业发展的需要,具体表现在以下几方面。

(1) 依靠手工进行工艺设计劳动强度非常大,效率极其低,主观灵活性大。据有关资料统计,机械零件有70%~80%的相似性,相似零件的工艺路线也有一定的相同之处,工艺设计中有效的实际工作可能只占工作总时间的8%左右,有很多的企业用在工艺数据的计算、抄写等重复性工作的时间大约占工艺准备的55%。工艺工程师在工艺方案设计过程中,需要把大量的工作时间花费在工艺参数、工序内容、工艺数据的汇总等重复性抄写上,增加了工艺工程师的工作量,使他们缺少时间进行工艺方案的优化等创造性工作,延长了工艺设计的时间,从而影响了整个产品生产的周期。手工工艺设计难以做到方案最优化、标准化，容易造成人力、设备、能源等资源的浪费，增加产品的制造成本。

(2) 产品的可制造性难以评估，工艺设计及验证手段落后。大部分制造企业依然应用文字性描述的二维工艺卡片来进行工艺方案设计，工艺方案设计时难以直观地了解现有工艺装备及设备的情况，工艺设计无法进行仿真分析，很难对现有工艺方案进行评价，工艺信息存储在纸质卡片上，纸质资料不易存储，并且容易丢失，难以在大范围内传播、重用。

(3) 缺乏对工艺数据进行有效管理。传统的工艺设计采用纸质存档，很难对已有的工艺数据进行重用及有效管理，如何提炼原有工艺文件中的典型工艺，更有效地利用工艺数据资源，更好地传承公司常年积累的工艺经验，都是急需解决的重要问题。工艺工程师的知识和经验积累起来相对较慢，企业的技术人员又有较大的流动性，在他们离职或退休后，工程师在工艺制定工作中积累的知识及经验，不能很好地保存下来，企业新入职的工艺工程师需要重新开始学习工艺知识及经验，在一定程度上造成了企业知识资源的巨大损失。

(4) 信息化程度低，不利于制造业信息化的建设。随着 CAD、CAM、计算机辅助夹具设计(computer aided fixture design，CAFD)、企业资源计划(enterprise resource planning，ERP)、制造执行系统(manufacturing execution system，MES)、计算机辅助质量(computer aided quality，CAQ)等计算机辅助软件的应用，企业之间的信息都通过计算机信息技术进行传递。然而工艺设计仍然采用落后的手工作业，工艺信息仍然存储在纸质文件上，这严重阻碍了企业各部门之间的信息交流，进而影响了企业信息化建设的进程及工作效率。

随着 CAPP 的广泛应用，大量的实例表明，实施智能工艺设计可带来重大收益，在对使用生成型工艺设计系统的 22 个大小型公司进行的详细调查中发现，采用该系统可以减少 58%的工艺流程规划工作、10%的劳动者、4%的材料、10%的废料等，所以智能工艺设计逐渐成为人们研究的热门课题。

企业对智能工艺设计系统功能的需求如图 1-2 所示。

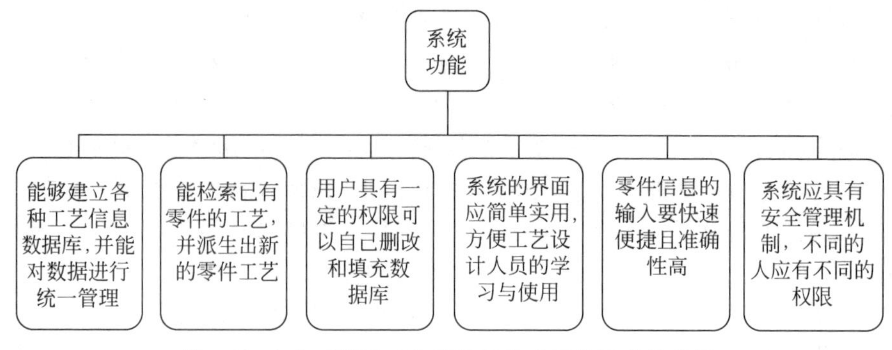

图 1-2 企业对智能工艺设计系统功能的需求示意图

2. 智能工艺设计模型分析

智能工艺设计应朝工具化、工程化、集成化、网络化、知识化、智能化、柔性化、规范化等方面进一步发展,以使企业信息化建设的基础打得更坚实、更牢靠。

1) 工具化和工程化

智能工艺设计系统强调工具化和工程化,以此提高系统在企业的通用性。将整体系统分解为多个相对独立的工具进行开发,面向制造和管理环境做系统二次开发,并将具有各专项功能的子系统集成在一个统一平台上。

2) 集成化和网络化

智能工艺设计系统实现 CAD/CAPP/CAM 的全面集成,设计数据双向信息交换与传送;实现与生产计划、调度系统的有效集成;建立与质量控制系统的内在联系。实现计算资源、存储资源、数据资源、信息资源、知识资源、专家资源的全面共享。

3) 知识化和智能化

基于复合智能系统、专家系统、人工神经网络技术和模糊推理技术的发展和应用,智能设计系统可以进行各种层次的自学习和自适应,将工艺设计数据进一步转变为先进制造知识,从而进一步实现工艺设计智能化。

4) 柔性化和规范化

现代智能工艺设计系统以交互式设计为基础,体现柔性设计;以工艺知识库为核心,面向产品实现工艺设计与管理的柔性化;以产品为核心,以工艺路线为依据,根据工艺路线安排工艺工作的流程,实现设计过程的规范化。

5) 交互式和渐进式

现代智能工艺设计面向工艺设计人员提供基于工艺知识和判断的交互式输入输出界面,同时为企业管理层提供可视化管理平台,渐进式地推进智能制造的发展进程。

1.1.3 智能工艺设计发展演化

新一代信息技术正在加速智能制造的发展,3C 电子行业面临小批量多品种、市场变化快及大规模定制等难题,所以必须要加入智能制造创新行列。智能制造是当今时代发展趋势,而工艺设计又是制造业中连接产品设计与生产的重要一环,所以实现智能工艺设计,将能够大大提高企业竞争力。智能工艺设计的发展是在 CAPP 的基础上,逐步结合以机器学习为主的人工智能算法,结合数字孪生技术,实现工艺设计的智能化,从而以减少甚至排除人工因素影响,提高工艺设计的效率与质量。

1. 智能工艺设计技术的发展历程

计算机辅助工艺规划的开发是从 20 世纪 60 年代末开始的。1965 年 Niebel

首次提出 CAPP 思想。CAPP 源于成组技术(group technology,GT)在工艺设计中的应用,目前已是计算机辅助制造与计算机集成制造系统的一个组成部分。随着机械制造生产技术的发展和当今市场对多品种、小批量生产的要求,特别是CAD、CAM 系统向集成化、网络化、可视化方向的发展,计算机辅助工艺规划日益为人们所重视。世界上最早研究 CAPP 的国家是挪威。挪威于 1969 年正式推出世界上第一个 CAPP 系统 AUTOPROS,1973 年正式推出商品化的 AUTOPROS 系统。在 CAPP 发展史上具有里程碑意义的是设在美国的国际标准性组织 CAM-I 于 1976 年推出的 CAM-I'S Automated Process Planning 系统,取其首字母,称为 CAPP 系统。

我国研究 CAPP 系统始于 20 世纪 70 年代末,国内最早开发的 CAPP 系统是同济大学的 TOJICAPP 修订式系统和西北工业大学的 CAOS 生成式系统,之后具有代表性的有清华大学开发的 THCAPP 系统,北京航空航天大学开发的 EXCAPP 系统,西北工业大学开发的 GNCAPP 系统,南京航空航天大学开发的 NHCAPP 系统等,其完成时间都在 80 年代初。迄今为止,在国内学术会议、刊物上发表的 CAPP 系统已超过 50 个,但被工厂、企业正式应用的只有少数,真正形成商品化的 CAPP 系统还不多。

多年以来,国内外对 CAPP 技术进行了大量的探讨与研究,CAPP 系统针对的对象,从早期的某一类特定零件,如回转体、箱体类、支架类零件扩展到各个类别的零部件,从零部件为主体的局部应用扩展到以整个产品为对象的全面应用。

CAPP 技术自出现以来,其研发工作一直在国内外蓬勃发展。但由于技术的限制和工艺的个性化、多样化,以往的 CAPP 系统应用面较窄,只能适用于某个企业的某种零件,没有比较好的通用解决方案。直到 20 世纪末工具化思想的出现,涌现出一批实用化、商品化的 CAPP 系统,才使 CAPP 系统发展到实质性的应用阶段(见图 1-3)。

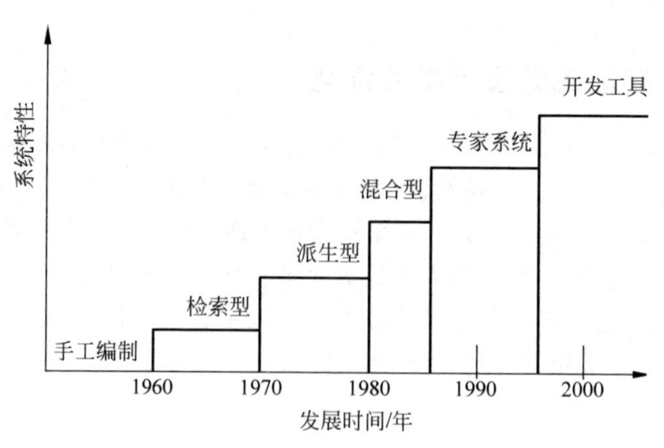

图 1-3 智能工艺设计技术发展历程

随着智能化技术的发展，除了面向传统工艺规划问题的CAPP系统外，对具体工艺问题中知识的表达、工艺的决策优化及三维仿真等设计问题的智能工艺系统也开始逐步进入大家的视野。然而，尽管有这些巨大的努力，工艺设计还完全没有达到自动化，仍然需要依赖人类的经验和知识。

新一代信息技术赋予智能制造越来越强大的认知和学习能力，从而极大地改变了人与机器的边界。理想的智能工艺设计系统通过智能感知、模拟、理解、预测、优化和控制策略支持自主制造，将能够收集技术专家的经验和知识，并且能够根据加工过程实时数据和工作历史进行自适应和自学习，将工艺规划嵌入数字孪生制造单元中，不仅可以增强制造单元上游与设计阶段的连通性，还可以增强工艺规划下游与制造阶段的连通性。随着智能工艺设计研究的发展，智能化的目标和技术手段与以前相比都有所不同，现在更加注重效率和实时性。

2. 智能工艺设计技术的演变过程

综合我国智能工艺设计系统的发展过程，智能工艺设计经历了以下几个阶段的演变过程。

1）基于自动化思想的工艺设计专用型系统

1982年至今相当长时间内，初期智能工艺设计系统一直以代替工艺人员的劳动实现工艺设计自动化为目标，即基于自动化思想的专用型智能工艺设计系统。强调工艺决策的自动化，开发出了若干种派生型（variant）、创成型（generative）以及综合型（hybrid）的CAPP系统，可以自动或半自动编制工艺规程。该系统的实用性、通用性较差，因此其应用受到很大限制，难以实现商品化。

2）基于工艺管理思想的工艺设计工具型系统

1995年至今，产生了基于工艺管理思想的智能工艺设计工具型系统。该系统在实用性、通用性和商品化等方面取得了突破性进展。智能工艺设计工具型系统在分析顾客需求的基础上，以解决工艺设计的事务性、管理性工作为首要目标，可以使用计算机辅助方法自动完成工艺设计中资料查找、表格填写、数据计算与分类汇总等繁琐而又重复的工作。

3）基于数据管理的综合化CAPP系统、智能化工艺系统

1999年以来，出现了面向产品的以工艺数据为核心的综合化CAPP系统、智能化工艺设计系统。该类系统是集工艺设计与信息管理为一体的交互式计算机应用系统，集成了检索、修订、创成等工艺决策混合技术及人工智能技术，实现了人机混合智能（human-machine hybrid intelligence）、人、技术与管理的集成，逐步实现了工艺设计的自动化。

4）基于实时动态设计的智能工艺设计系统

随着2011年数字孪生概念的提出，机械加工工艺设计过程开始引入实作模型（As-build model，工件的加工状态模型）的概念，从系统构建的角度研究了面向数字孪生环境的三维工艺设计技术，提出了基于实作模型的实时工艺设计方法，为基

于数字孪生的工艺设计提供了新的思路，可以实现工艺设计过程中的实时决策和离线分析优化，驱动和引领计算机辅助工艺规划的智能化发展。

3. 智能工艺设计系统的开发

随着工艺设计智能化需求的加深，智能工艺系统也随之步入研究者视野。从20世纪末开始至今，智能工艺设计系统的发展从未止步。它是人工智能技术在工艺设计领域中应用的结果。目前已经开发出了各种类型的智能工艺设计系统。

1）基于人工神经网络的CAPP系统

人工神经网络(artificial neural network，ANN)技术中最吸引人的特点是它的自学习能力和容错能力，通过样本训练，ANN可以自动获取知识；通过知识的分布式存储和并行处理，ANN具有较强的容错能力，有效地弥补了专家系统的“窄台阶效应”。但是，用ANN来模拟工艺设计决策过程也有其根本性的缺陷，如ANN的性能在很大程度上受到所选择的训练样本的限制，样本的好坏直接决定系统性能的优劣；ANN的知识表达和处理都是隐性的，用户只能看到输入和输出，不能了解中间的推理过程。因此，对于工艺设计来说，ANN只能模拟一些具有直接对应(因果)关系的简单决策活动。

2）基于实例推理的CAPP系统

基于实例推理的CAPP技术是人工智能技术中类比问题求解方法在工艺设计中的应用，也可以看成是对派生型CAPP技术的进一步发展。实例是对工艺设计知识的一种整体性描述，不仅包括问题的求解结果，而且包括问题的求解条件，与人类工艺设计知识的记忆结构有很好的一致性，因而，实例知识的获取比规则获取要容易得多。实例推理是对过去求解结果的复用，而不是再次从头推导，具有较高的问题求解效率和实用性。因此，基于实例推理的CAPP技术得到了许多学者的研究。

3）基于知识的智能工艺系统

知识工程的多种知识表达和推理技术大大丰富和拓宽了传统创成型工艺系统的知识表达和处理能力，使得专家系统可以处理一些较为复杂的工艺决策问题，从而使一些专家系统接近实用。但是，随着研究与应用的不断深入，专家系统传统的知识表示和推理技术所固有的一些缺陷逐渐暴露出来：如知识获取的瓶颈、系统性能的“窄台阶效应”，以及在处理模糊、非单调和常识性等问题上的局限性。很多早期智能研究都基于专家系统，在工艺决策模块中使用计算模块插件格式作为专家系统工具，把基于规则的知识表示语言与过程语言结合起来，进而通过使用产生式规则构建知识库，采用演绎推理式的推理机，理论上实现了一系列的工艺决策。但实际上，这只是为早期工艺系统智能化研究提供了思路，基于当时软硬件条件，并未涉及人工智能算法，也没有建成实用性的智能系统。

4）基于分布式人工智能工艺设计系统

人类活动大都涉及社会群体，大型复杂问题的求解需要多个专业人员或组织协作完成。随着计算机网络、计算机通信和并行程序设计技术的发展,此类技术逐渐成为一个新的研究热点。21世纪初,以人工智能技术为代表的工艺设计越来越受到研究者们的关注,可能会成为下一代智能工艺设计系统软件开发的重要突破点。构建包含CAPP系统和智能工艺系统的分布式智能工艺设计系统可以克服原有集中式知识系统的弱点,极大地提高系统的性能,包括问题求解能力、求解效率,以及降低系统的复杂性。

5) 其他智能技术与算法的应用

模糊推理技术、进化计算技术、粒子计算理论等也在工艺设计中不同程度地得到了应用,同时遗传算法、蚁群算法等智能算法的应用在拓宽智能工艺设计系统信息处理能力、提高系统性能等方面起到了积极的作用。产品数字孪生技术通过不断持续积累产品设计、制造和检验全生命周期过程的相关数据和知识,实现赛博空间(Cyberspace)和物理空间的虚实映射,为计算机辅助工艺规划技术的发展和瓶颈问题的解决提供了有效的途径。

1.2 智能工艺设计未来发展趋势

纵观智能工艺设计的发展历程,可以看到智能工艺的研究和应用主要围绕着两方面展开:一是不断完善自身在应用中出现的不足;二是不断满足新的技术、制造模式对其提出的新要求。因此,未来智能工艺设计的发展,将在应用范围、应用的深度和水平等方面进行拓展。

1.2.1 智能工艺设计的不足

(1) 工艺设计接收来自CAD系统的产品设计信息,并依托工艺知识库,辅助工艺设计人员做出决策。这虽然在一定程度上提升了工艺设计的效率,但是在实际应用中仍面临着突出的问题:工艺决策主要发生在生产准备阶段,一旦结束工艺文件便固化下来。而工件的加工过程受实际生产中扰动因素的影响,每一步加工后的结果与理想情况均存在偏差。目前,工艺设计结果多是静态的,不能实时响应加工偏差动态地做出工艺决策,从而导致工艺文件执行过程中出现异常。

(2) 目前绝大多数企业,智能工艺设计的应用集中在机械加工工艺的设计。实际上,在制造企业中,产品在整个生命周期内的工艺设计通常涉及产品装配工艺、制造工艺(机械加工工艺、锻造工艺、钣金冲压工艺、焊接工艺、热表处理工艺和毛坯制造工艺)等各类工艺设计。智能工艺设计在企业中的应用缺乏深度,智能工艺设计应从以零组件为主体对象的局部应用走向以整个产品为对象的全生命周期的应用,实现产品工艺设计与管理的一体化,建立企业级的工艺信息系统。

(3) 绝大部分企业工艺设计的应用主要在工艺卡片的编辑、工艺信息的统计汇总、工艺流程和权限的管理与控制方面,能有效地提高工艺设计的效率和标准化水平，这是智能工艺设计应用的基础。但智能工艺设计系统应用的深度还不够，还不能有效地总结行业工艺"设计经验"和"设计知识"，从根本上解决企业缺少有经验的工艺师的问题。目前通用的智能工艺设计系统还无法实现对工艺知识的总结、积累和应用，如何提高智能工艺设计系统的知识水平，实现工艺设计的智能化水平，是企业关心的问题，也是智能工艺设计软件厂商需要考虑的问题。如何解决工艺设计效率、标准化、集成的问题，如何帮助企业总结工艺知识和经验是智能工艺设计下一步应用的关键。

(4) 工艺是设计和制造的桥梁，工艺数据是产品全生命周期中最重要的数据之一，工艺数据同时也是企业编排生产计划、制订采购计划、生产调度的重要基础数据，在企业的整个产品开发及生产中起着重要的作用。智能工艺设计需要与企业的各种应用系统进行集成，包括 CAD、PDM(product data management，产品数据管理)、ERP、MES 等。由于不少企业的 CAD、CAPP 和 ERP 是分阶段、在不同时期引入的，即便目前已经有部分应用实现了融合，但还存在部分的信息孤岛，工艺数据的价值尚未完全得到有效的发挥和利用。

(5) 体系结构与制造模式的矛盾。当前市场环境呈现快速、多变、以客户为中心的特点，机械产品需求表现为多品种、小批量、制造过程离散、产品换代频繁、生产周期短等特点。在这种背景下，敏捷制造(agile manufacturing，AM)、并行工程(concurrent engineering，CE)、协同制造等先进制造技术被提出并得到了广泛应用。动态联盟/虚拟企业作为一种新的现代企业发展模式是这些先进制造技术的现实体现，较好地适应了当前的市场环境。智能工艺设计作为实现制造业信息化、数字化的支撑技术之一，应该能够适应新的制造模式的需求，进一步促进制造业的发展。

1.2.2 智能工艺设计的发展趋势

1. 智能工艺设计朝网络协同化与行业化方向发展

面对网络经济时代制造环境的变化，传统的制造模式已不能与之相适应，需要建立一种充分利用现有社会资源、快速响应市场需求的网络制造模式。实施网络制造要有新的工艺设计理论及其应用系统的支持，新的制造模式给智能工艺设计系统提出了新的要求。因此，研究和开发适用于网络制造环境下的智能工艺设计系统是重要发展方向之一。

只有面向行业，工艺设计在企业才有生命力；只有解决了行业共性问题，工艺设计才能真正为企业带来增值。要解决工艺设计的行业化问题，则必须将智能工艺设计平台的通用性与行业工艺的特殊性结合起来，总结不同行业工艺设计的特点，提取行业工艺知识，解决行业共性问题。尽管不同企业工艺设计应用需求差别较大，但同一行业内的产品工艺及设计管理模式具有较大的相似性，因此，有必要建立面向行业的智能工艺设计应用参考模型，具体包括：工艺信息模型、功能模型、资源模型、组织模型、过程模型等，并以此为基础，提供面向行业的工艺解决方案。

2. 传统静态工艺数据与知识向动态转变

传统的工艺数据除了零件的尺寸和精度要求、生产批次、毛坯类型、加工方法和设备选择、热处理等诸多因素外，还必须包括制造企业的生产条件、传统工艺习惯和工业标准等。作为工艺设计的辅助工具，智能工艺设计系统不能仅仅停留在以解决事务性、管理性工作为主的阶段，而应该考虑将工艺专家的经验和知识累积起来，并加以重用。

工艺数据与知识从来源上可分为静态和动态两类。静态工艺知识是指国家标准或企业标准中明确的工艺规定，主要包括：工艺技术标准、作业指导书、切削参数(标准)、材料的性能参数、工艺相关技术参数、机床性能参数、工装相关性能参数等。随着计算机技术以及数据存储方法的不断发展，在制造工艺中会产生大量的实时数据，这些数据是动态的，所以动态工艺知识是指那些通过实践积累形成的经验数据和工艺规则，主要包括：工艺加工路线、典型工艺、典型工序、工步操作规则等。在这两类知识中，静态工艺知识通过数据库查询系统即可完成对其管理，技术上比较成熟，但是对动态工艺知识的管理问题依然未能得到很好地解决。如何采集和监控工艺过程中海量的数据和经验知识，如何有效地总结、沉淀企业的工艺设计知识，建立丰富的工艺知识库，应用人工智能决策技术，提供各种有效的智能化在线规划辅助，实现基于知识的快速工艺设计将是智能工艺设计发展的重要目标。

3. 智能工艺设计系统的多功能信息集成

随着计算机辅助工艺规划、计算机辅助制造、计算机集成制造系统(computer integrated manufacturing system，CIMS)、并行工程、智能制造系统(intelligent manufacturing system，IMS)、虚拟制造系统(virtual manufacturing system，VMS)、敏捷制造等先进制造系统的发展，无论从广度上还是从深度上，都对智能工艺设计系统的功能发展提出了更新更高的要求。CAPP 作为 CAD 和 CAM 的桥梁，为 CAQ、PDM、ERP 和 MES 等提供了重要的工艺信息。信息集成是智能工艺设计永久关注的焦点，进一步发展和研究完善智能工艺设计系统的集成性和开放性，将成为现代智能工艺设计研究的一个重要目标。

除了实现传统的利用数值计算、逻辑判断、仿真和推理等的功能来制定零件机械加工工艺过程外，还应当包括智能传感、云计算、大数据及物联网等多功能模块的集成，来实现网络监测区域内的环境或监测对象的相关信息实时感知采集，信息存储、加工、共享和分配的效率提升以及智能工艺设计系统内部之间及其与外部环境的沟通和协作。

4. 数字孪生技术下的实时工艺设计

数字孪生作为能够对物理产品进行数字化描述并有效管理产品全生命周期数

据信息的技术，可以为工艺知识的挖掘提供有力的数据支撑。借助于实作模型和产品数字孪生体，可以将产品全生命周期的数据反馈到虚拟空间，在此基础上，可以通过数据挖掘技术挖掘出隐含的工艺知识，并利用数字线索技术回溯到物理空间，对产品的生产制造全过程进行指导。

数字孪生技术可将产品运维阶段的质量状况、使用状况、技术状态等反映产品实际功能和性能的数据在虚拟空间记录下来，并实时将产品的运维数据回溯到产品的工艺过程，从产品功能实现的角度对产品研制阶段采用的工艺方法进行评价和比较；还可通过人工智能、机器学习等手段，基于产品全生命周期的孪生数据提炼和挖掘得出有意义的工艺知识，为产品工艺设计的优化和改进提供知识支持，全面有效地挖掘和总结行业工艺"设计经验"和"设计知识"，从而使智能工艺设计的应用不断深化。

5. 由"智能"转向"智慧"的工艺设计

目前的智能工艺设计已经开始逐步具有数据采集、数据处理和数据分析的能力。而智慧工艺设计则要达到：真正实现自主学习、自主决策和持续优化并准确执行指令，通过物联网感知获得"物"的原始数据和事件；然后通过内容/知识网对这些原始数据和事件进行进一步的加工处理，从中抽取出所需的信息、知识、智慧或事件；再通过物联网整合各种服务，围绕客户需求提供个性化的设计服务；最后通过人、机、物的融合决策，实现对物或机器的控制；从而形成一个"物—数据—信息—知识—智慧—服务—人—物"循环，或者说形成一个感知、识别、响应的智慧工艺设计闭合回路。

第2章

智能CAPP系统

2.1 CAPP 系统

2.1.1 CAPP 系统概念、组成、分类

1. CAPP 系统的概念

CAPP(计算机辅助工艺规划)是指借助于计算机软、硬件技术和支撑环境,利用计算机进行数值计算、逻辑判断及推理等功能来设计零件机械加工工艺的过程,从而实现工艺过程设计的自动化,它的构成如图 2-1 所示。采用 CAPP 系统代替传统的工艺设计方法具有重要的意义,其主要表现在以下几方面:

(1) 可以将工艺人员从繁琐和重复的劳动中解放出来,转而从事新工艺的开发工作。

(2) 可以极大地缩短工艺设计周期,提高产品对市场的响应能力。

(3) 有助于对工艺设计人员的宝贵经验进行总结与继承。

(4) 有助于工艺设计的最优化和标准化。

(5) 为实现 CIMS 等先进的生产模式创造条件。

CAPP 的应用从根本上改变了依赖于个人经验,人工编制工艺规程的落后状况,促进了工艺过程的标准化和最优化,提高了工艺设计的质量。此外,CAPP 也为制定先进合理的工时定额以及完善企业管理提供了科学依据。引进并建立适合企业自身特点的 CAPP 系统,就可以解决现存的许多问题,在实现工艺设计管理信息化的同时,提高企业的竞争力,为企业信息化管理打下坚实基础。

CAPP 系统为集成制造系统的出现提供了必要的技术基础。一个完整的 CAPP 系统所具有的功能应该包括:自动从 CAD 系统中获取产品的相关数据,辅助工艺设计人员制订可以被生产计划系统接收的工艺过程数据和资源清单(刀具清单、机床清单、工装清单等),以及可以被质量控制系统接收的工艺过程数据等。CAPP 自 20 世纪 60 年代开始研制,研制出的许多 CAPP 系统大都用于生产加工中,见表 2-1 和表 2-2。

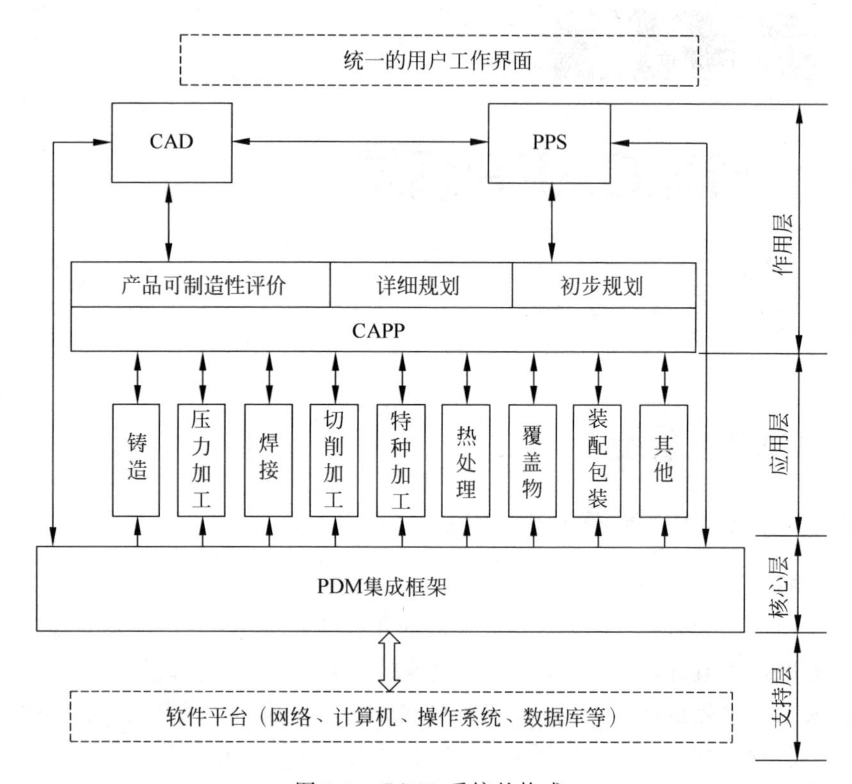

图 2-1　CAPP 系统的构成

表 2-1　国外 CAPP 研究的主要技术成果

序　号	研制单位	适用范围	适用情况	开发年代
1	挪威	回转体零件	商业	1969/1973
2	美国 CAM-Ⅰ	所有零件	商业	1976/1973
3	美国工艺研究中心	回转体零件	商业	1977
4	美国普渡大学	箱体零件	学术	1977
5	日本神户大学	棱柱形	学术	1976/1980
6	德国亚琛工业大学	回转体及板块零件	商业	1976/1980
7	荷兰应用科学院	回转体棱柱体	商业	1980
8	美国金属切削协会	回转体零件	商业	1980
9	美国曼彻斯特大学	回转体零件	商业	1980
10	美国 CAM-Ⅰ	所有零件	学术	1980
11	柏林工业大学	回转体零件	学术	1982
12	普渡大学和宾州大学	棱柱	学术	1984

表 2-2　国内 CAPP 研究的主要技术成果

序号	研制单位	适用范围	序号	研制单位	适用范围
1	同济大学	所有零件	10	江苏大学	所有零件
2	北京理工大学	回转体零件	11	西安交通大学	回转体零件
3	北京航空航天大学	回转体零件	12	成都科技大学	齿轮
4	湖南大学	箱体零件	13	中原工学院	回转体零件
5	东南大学	齿轮	14	济南三机床有限公司	所有零件
6	北京机械工程院	所有零件	15	沈阳机床有限公司	回转体零件
7	中国工学院	轴类零件	16	天津大学	仪器底座
8	武汉钢铁集团	回转体零件	17	南京航空航天大学	回转体零件
9	浙江大学	回转体零件	18	唐山轻工业机械厂	所有零件

2. CAPP 系统的组成

一般地，一个 CAPP 系统应具有以下功能：①检索标准工艺文件；②选择加工方法；③安排加工路线；④选择机床、刀具、夹具、量具等；⑤选择装夹方式和装夹表面；⑥优化选择磨削余量；⑦计算加工时间和加工费用；⑧确定工序尺寸和公差及选择毛坯；⑨绘制工序图及编写工序卡。此外，有的 CAPP 系统还具有计算刀具轨迹，自动进行 NC 代码编程和加工过程模拟的功能，但是有专家认为这些功能属于 CAM 的范畴。

一个 CAPP 系统是由一系列必要的硬件和软件组成的，见表 2-3。CAPP 的硬件主要包括计算机及其有关的外围设备，如图 2-2 所示。硬件系统的类型按系统组织方式分为：单机和联机。单机系统是由一台计算机加上输入输出装置供单一用户使用的系统。网络联机可以分为集中式和分布式两种形式。在计算机上开发 CAPP 系统时，首先选用计算机操作系统，国外有 Windows、MacOS，国内有 deepin、优麒麟(Ubuntu Kylin)；其次是选择编程语言；此外还要确定数据文件管理方法(或选用数据库管理系统)以及选用工序图开发支撑软件等。

表 2-3　CAPP 系统组成

CAPP 系统	
CAPP 硬件系统	**CAPP 软件系统**
计算机	应用软件
存储器	支撑软件
其他外围设备	系统软件

3. CAPP 系统的分类

目前，CAPP 系统可以分成交互型 CAPP 系统、派生型 CAPP 系统、创成型

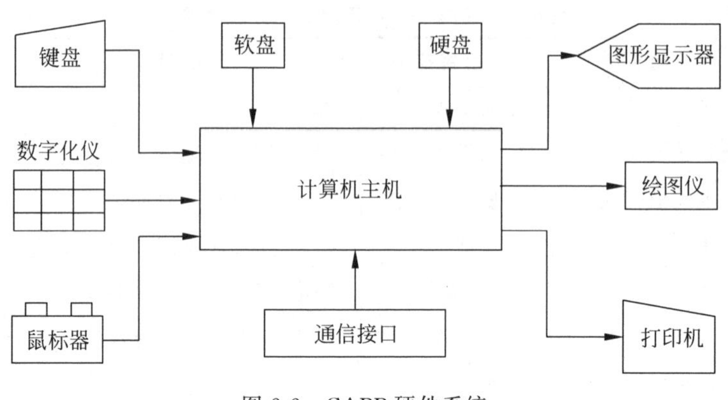

图 2-2　CAPP 硬件系统

CAPP 系统、智能型 CAPP 系统等。

1) 交互型 CAPP 系统

交互型 CAPP 系统是根据不同类型工艺需求编制的，实现人机交互的软件系统。在工艺设计时，工艺设计人员根据屏幕上的提示，进行人机交互操作，操作人员在系统的提示引导下，回答工艺设计中的问题，并对工艺进程进行决策及输出相应的内容，从而形成所需的工艺规程。因此，交互型 CAPP 系统的工艺规程设计的质量对人的依赖性很大，且因人而异。一个实用的交互型 CAPP 系统必须具备以下条件：

(1) 具有工艺参数选择、支持决策的基于企业资源的工艺数据库。它由工艺术语库、机床设备库、刀具库、夹具库、量具库、材料库、磨削参数库、工时定额库等组成。

(2) 具有友好的人机交互界面。一个友好的人机交互界面必须具备下列功能：实时、快速响应；整个系统的组成结构清晰；界面布置合理，方便操作；用户记忆量最小，图文配合适当。

(3) 具有纠错、提示、引导和帮助功能。

(4) 数据查询与程序设计能方便地进行切换，查询所得数据能自动地插入到设计所需地点。

(5) 能方便地获取零件信息及工艺信息。

(6) 能方便地与通用图形系统连接，获取或绘制毛坯图和工序图。

一个典型的交互型 CAPP 系统总体结构如图 2-3 所示，它由零件信息输入、零件信息检索、交互式工艺编辑、工艺规程管理、工艺文件输出等模块以及 CAPP 相关工具构成。图 2-4 为交互型 CAPP 系统工作流程图，系统采用人机交互为主的工作方式，使用人员在系统的提示引导下和工艺数据库的帮助下，进行交互式工艺编辑，系统则完成工艺规程管理和工艺文件输出。

交互型 CAPP 系统在工艺设计过程中，需要系统提供的数据信息有：

(1) 零件信息。存放零件的基本信息，如零件图号、零件名称、工艺路线号、产

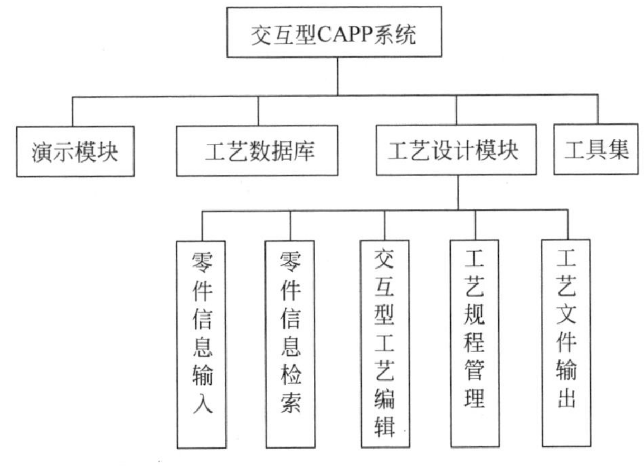

图 2-3　交互型 CAPP 系统总体结构

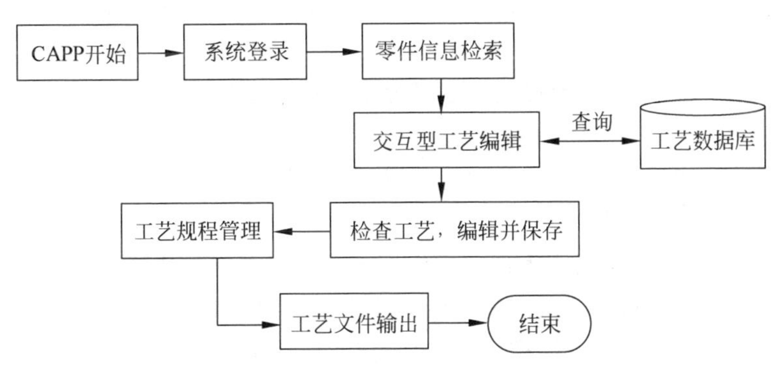

图 2-4　交互型 CAPP 系统工作流程图

品编号、部件编号、材料牌号、件数、毛坯类型和设计者等。

(2) 工艺信息。存放工序的基本内容，如工艺路线号、工序代号、工序名称、工序描述、切削参数、工时和设备、工装等信息。

(3) 工步信息。工步是对工序内容更为详细的描述，它包括工步代号、工步内容、工艺路线号、切削参数、工时和设备、工装等信息。

(4) 表尾信息。主要用来存放工艺文件的表尾信息，如编制、审核、会签、批准及其相关的时间等数据。

(5) 用户信息。用来存放用户的基本信息，如用户代码、名称等。

(6) 用户自定义数据库。其内容根据企业实际资源及工艺设计的要求来定，一般包括：工艺术语库、机床库、刀具库、量具库等。

上述提到的工艺数据信息都有各自的数据结构。数据结构是指数据的组织形式，由逻辑结构和物理结构构成。工艺数据是指 CAPP 系统在工艺设计和工艺管理中使用和产生的数据。CAPP 系统一方面要利用系统中存储的工艺数据与知识等信息进行工艺生成，另一方面还要生成各种工艺文件、工序图等，其工作过程实际上是对工艺数据与知识库的访问、调用、处理和生成新数据的过程。工艺数据分静态数据和动态数据，静态数据主要指工艺设计手册上已经标准化和规范化的工艺数据、原型工艺规程，如加工材料数据、机床数据、刀具数据、量/夹具数据等；动态数据是指工艺设计过程中产生的相关信息，如中间过程数据、工序图形数据、中间工艺规程等。

工艺数据的逻辑结构是指工艺数据元素之间的关系，它独立于数据的存储介质；工艺数据的物理结构则是指工艺数据在计算机存储设备中的表示及配置，也叫“工艺数据的存储结构”。工艺数据的逻辑结构是在用户面前呈现的形式，系统通过指定软件把元素写入存储器，构成了数据的物理结构。

在 CAPP 系统中的数据结构多采用关系型数据库来存放数据。在关系型数据库中，信息被组织成一系列二维表结构，每一张二维表被称为一个关系(Relation)或者表(Table)，不同的表可以通过唯一的标识(关键字)互相关联。表由表名、列名以及若干行组成，表中的每一行叫作记录，每一列叫作一个字段，每一个表中的信息可以简单、精确、灵活地描述客观世界中的一件事情。

对零件的信息而言，零件图号是关键字，它是唯一的，用户只要给出零件图号，系统就可以检索到该零件的零件信息，并显示给用户。

2) 派生型 CAPP 系统

派生型 CAPP 系统利用零件的相似性来检索现有的工艺规程。该系统是建立在成组技术基础上的，零件按照其几何形状或工艺的相似性归类成族，建立零件族主样件的典型工艺规程，即标准化工艺规范，它可以按零件族的编码作为关键字存入系统数据库或数据文件中，标准工艺规范的内容通常包括完成该零件族零件加工所需的加工方法，加工设备，工、夹、量具及其加工顺序等，其具体内容可根据系统开发对象的实际情况而定。对一个新零件的工艺设计，就是按照其成组编码，确定其所属零件族，再对其标准工艺规程进行检索、筛选、编辑，最后按照一定的格式输出。在这个意义上，派生型 CAPP 系统又被称为“变异型”“修订型”或“检索型”CAPP 系统。

派生型 CAPP 系统工艺决策的基本原理是利用零件的相似性，相似的零件有相似的工艺规程；一个新零件的工艺规程，是通过检索相似零件的工艺规程并加以筛选或编辑而成的。

相似零件的集合称为零件族，能被一个零件族使用的工艺规程称为标准工艺规程或综合工艺规程。标准工艺规程可以看作是一个包含该族内零件的所有形状特征和工艺属性的假想复合零件而编制的。根据实际生产的需要，标准工艺规程的复杂程度、完整程度各不相同，但至少应包括零件加工的工艺路线(即加工工序的有序序列)，并以零件族号作为关键字存储在数据文件或数据库中。

在标准工艺规程的基础上，对某个待编制工艺规程的零件进行编码、划归到特定的零件族后，就可根据零件族号检索出该族的标准工艺规程，然后加以修订（包括筛选、编辑或修改）。修订过程可由程序以自动或交互方式进行。同时，派生型CAPP 系统还需要有存储、检索、编辑主样件典型工艺规程的功能，以及具有支持编辑典型工艺规程的各种加工工艺数据库。

派生型 CAPP 系统的基本结构如图 2-5 所示，图中通过打开程序、选择本地或网络数据库后，通过用户验证登录系统。零件编码库包括零件特征矩阵模块、统计零件编码模块、新建零件编码模块、修改零件编码模块与查询零件编码模块，并基于编码系统库实现编码系统设计。工艺数据库作为该系统重要支撑，结合零件编码库与工艺编辑系统实现最终的加工工艺输出。

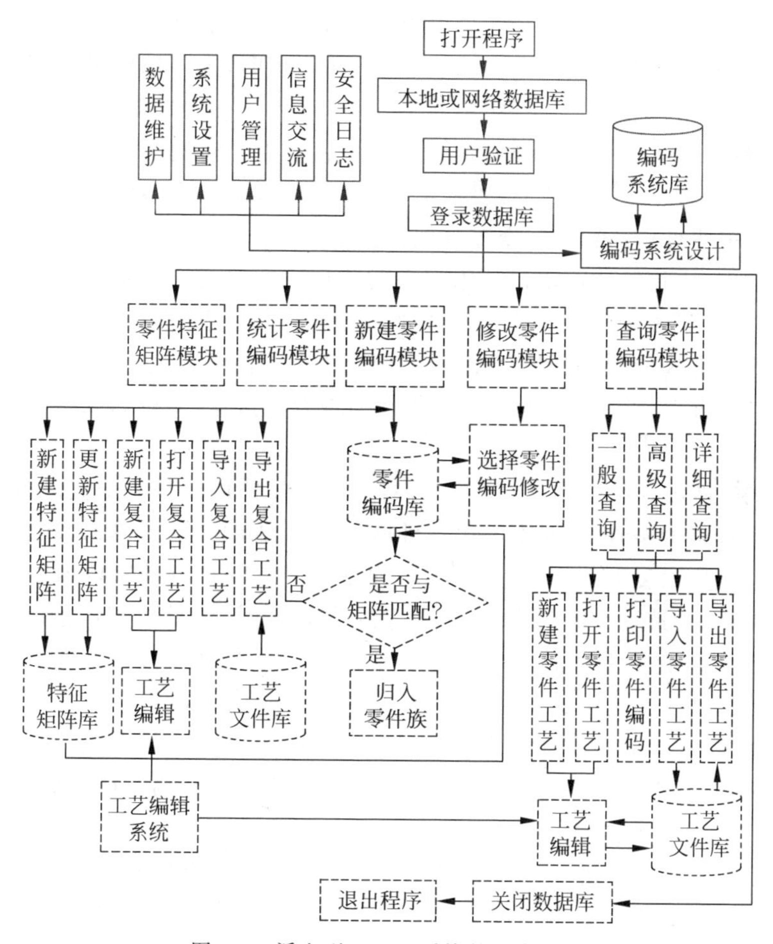

图 2-5　派生型 CAPP 系统的基本结构

派生型 CAPP 系统开发完成后，工艺人员就可以使用该系统为实际零件编制工艺规程，具体运行步骤如下：

(1) 按照采用的分类编码系统，对实际零件进行编码。

(2) 检索该零件所在的零件族。

(3) 调出该零件族的标准工艺规程。

(4) 利用系统的交互式修订界面,对标准工艺规程进行筛选、编辑或修订。有些系统则提供自动修订的功能,但这需要补充输入零件的一些具体信息。

(5) 将修订好的工艺规程存储起来,并按给定的格式打印输出。

派生型 CAPP 系统的设计过程主要有如下几个步骤:

(1) 选择合适的零件分类编码系统。在设计系统之初,首先要选择和制定适合本企业的零件分类编码系统,用来对零件信息进行描述和对零件进行分族,从而得到零件族矩阵并制定相应的典型工艺规程。目前,在国内外已有 100 多种编码系统在各个企业中应用,每个企业可以根据本企业的产品特点,选择其中一种;但如果现有系统不能完全适合本企业产品零件的要求时,则可以对该系统进行修改或补充。在选择系统时,主要以实用为主。

(2) 零件分类归族。对零件进行分类归族,是为了得到合理的零件族及其主样件。方法就是按照一定的相似性准则,将品种繁多的产品零件划分为若干个具有相似特征的零件族(组)。一个零件族(组)是某些特征相似的零件的组合。进行零件分类成组时,正确地规定每一组零件的相似性程度是十分重要的。如果相似性要求过高,属于该族中的零件只需要对标准的工艺规程进行极少量的修改,就能得到零件的工艺规程,但相似性要求过高则会出现零件组数过多,而每组内零件种数又很少的情况;相反,如果每组内零件相似性要求过低,则难以取得良好的技术经济效果。

(3) 主样件设计和标准工艺规程的制定。主样件可以是一个实际的零件,也可以是一个虚拟的零件,它是对整个零件族的一个抽象综合。在确定主样件时,应该以该零件族中最复杂的零件为基础,尽可能地覆盖该族其他零件所有的几何特征及工艺特征,构造一个新的零件,这个零件就是一个主样件。零件族的典型工艺规程实际上就是主样件的加工工艺规程,主样件的工艺规程应该能够满足零件族中所有零件的加工工艺设计的要求。在制定典型工艺规程时,一般请有经验的工艺人员或专家,综合企业资源的实际情况及加工水平,对零件族内的零件加工工艺进行分析,选择一个工序较多,加工过程安排合理的零件作为基础,制定代表零件族的主样件的工艺规程。

(4) 工艺数据库的建立。派生型 CAPP 系统与其他类型 CAPP 系统一样,它是在完善的工艺数据库支持下而运行的。数据库技术在数据管理、维护、查询、汇总等方面具有无可比拟的优越性。工艺设计需要产品的大量原始数据,如产品物料清单(bill of materials,BOM)、产品图纸等,同时工艺设计过程中涉及企业的大量数据,如企业文献、国家标准和企业标准、工艺手册以及企业车间、设备等。我们应用数据库技术建立了大量相关的数据库,包括产品基本数据库、材料库、工装库、设备库、工种车间库、工时定额库、典型工步库等,这些数据库为 CAPP 系统和其他管理信息系统(management information system,MIS)提供可靠的基础数据,并由此生成或派生出其他数据库,如典型工艺库、产品工艺库、材料明细库、生产进度表等。工艺资源数据库既要处理大量的文字数据、说明数据、表格数据,还要处理大量的图形数据,而且要求支持交互式操作,其存储量大,形式多样,关系复杂,动态性强。工艺资源管理模块担负着维护工艺资源的工作,所有库的维护工具都基于可视化界面,可提供多种数据输入方法,操作简单。为了使工艺设计者能高效地利用现有的工艺资源,资源数据库管理模块还必须提供合理的库结构和查询机制,以方便快捷地查询到所需要的数据,并能直接输出到相应的工艺文件中。工艺资源管理模块由人员及权限、设备管理、工装管理、标准件管理、工艺术语、工序名称管理等模块组成。

管理信息系统

3) 创成型 CAPP 系统

创成型 CAPP 也称“生成型 CAPP”,其基本思路是:将人们设计工艺过程时用的决策方法转换成计算机可以处理的决策模型、算法及程序代码,从而依靠系统决策,自动生成零件的工艺规程。在创成型 CAPP 系统中,工艺规程是根据工艺数据库中的信息在没有人工干预的条件下生成的。系统在获取零件信息后,能自动地提取制造知识,产生零件所需的各个工序和加工顺序,自动地选择机床、工具、夹具、量具、切削用量和最优化的加工过程,可以通过应用决策逻辑,模拟工艺设计人员的决策过程。由于在系统运行过程中一般不需要技术性干预,对用户的工艺知识要求较低。

创成型 CAPP 系统就决策知识的应用形式来分,有采用常规程序实现和采用人工智能技术实现两种类型。前者工艺决策知识通过决策表、决策树或公理模型等技术来实现;后者就是工艺设计专家系统,它是用人工智能技术,综合工艺设计专家的知识和经验,进行自动推理决策。

完整的创成型 CAPP 系统的要求是很高的,必须要具备以下功能:

(1) 易于识别零件并可以清楚和精确地描述。

(2) 具备相当复杂的逻辑判断能力。

(3) 具备完备统一的数据库。

(4) 具备本企业所有加工方法的专业知识和经验以及解决问题与矛盾的能力。

创成型 CAPP 系统可以克服派生型 CAPP 系统的固有缺点。但由于工艺过程设计的复杂性,目前尚没有系统能做到所有的工艺决策都完全自动化,一些自动化程度较高的工艺系统的某些决策仍需要一定程度的人工干预。从技术发展看,短期内也不一定能开发出功能完全、自动化程度很高的创成型系统。因此,人们把许多包含重要的决策逻辑,或者只有一部分工艺决策逻辑的 CAPP 系统也归入创成型 CAPP 系统,这就是所谓半创成型系统或综合型系统。

应用创成型原理开发 CAPP 系统时,一般要做以下工作:

(1) 确定零件的建模方式,并考虑适应 CAD/CAM 系统集成的需要。

(2) 确定 CAPP 系统获取零件信息的方式。

(3) 进行工艺分析和工艺知识总结。

(4) 确定和建立工艺决策模型。

(5) 建立工艺数据库。

(6) 系统可控模块的设计。

(7) 人机接口设计。

(8) 文件管理及输出模块设计。

创成型 CAPP 系统的基本功能模块与工作过程如图 2-6 所示。

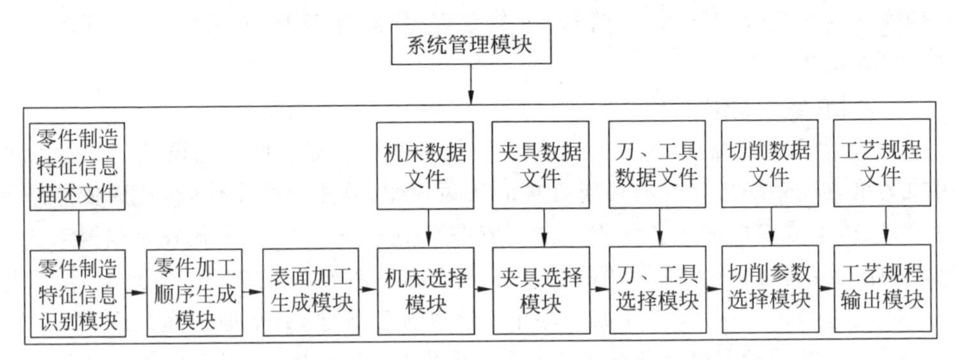

图 2-6 创成型 CAPP 系统的基本模块

创成型 CAPP 系统的特点有：

(1) 通过数学模型决策、逻辑推理决策等决策方式和制造资源库自动生成零件的工艺，运行时一般不需要人的技术性干预，是一种较有前途的方法。

(2) 具有较高柔性，适应范围广。创成型 CAPP 系统一般分为回转体类零件和非回转体类零件两大类。

(3) 便于 CAD/CAM 集成。

(4) 由于工艺设计的复杂性、智能性和实用性，目前尚且难以建造自动化程度很高、功能强大的创成型系统。

在制造企业中，工艺规程作为一种指导性技术资料对企业的生产运作起着至关重要的作用。编制工艺文件的基本任务是将产品和零件的设计信息转换为加工方法。在传统的工艺设计方式中，工艺数据的正确性完全是由设计人员来保证，但是工艺数据繁多而且很分散，处理起来繁琐、易出错。CAPP 技术的出现为缩短产品生产准备周期，提高工艺文件质量，提供了一条切实可行的新途径。在面向现代化制造业的计算机辅助技术中，CAPP 也是连接 CAD 与 CAM 的中间环节，更是 CIMS 中不可缺少的部分。大部分企业一般都具有相对稳定的产品种类，其基本产品的工艺过程也是相对不变的，变化较多的则是产品的系列。因此，企业日常工艺设计的主要工作是基于产品工艺的改型设计。在这种方式下，企业生产过程中所需要的工艺文件在相当程度上都具有很大的类似性。而在工艺文件的生产过程中，工艺卡填写、工序图绘制以及工艺计算是最重要的工作。因此，怎样实现这部分工作的计算机化才是提高企业工艺设计效率与质量，减少重复劳动，缩短开发周期的关键，也是在推广应用 CAPP 过程中首要应该解决的问题。

4）智能型 CAPP 系统

智能型 CAPP 系统是应用人工智能技术来解决工艺设计中的问题，即用包含智能算法的专家系统来解决工艺设计中经验性强、模糊的、难确定的问题，它是目前 CAPP 发展的重要方向。但是，智能型 CAPP 系统与创成型 CAPP 系统是有一定区别的。智能型 CAPP 系统和创成型 CAPP 系统都可自动地生成工艺规程，但创成型 CAPP 系统是以逻辑算法加决策表为其特征，而智能型 CAPP 系统则以推理、知识及自学习能力为其特征。此外，智能型 CAPP 系统目前还发展到了三维智能型 CAPP 系统，该系统是以三维 CAD 为平台采用特征造型技术，将几何信息和工艺信息汇集到三维零件中，在相对高的层次上集成零件的工艺信息和几何信息来表达设计者的设计思想，具有更强的直观表达能力，但目前仍处于发展阶段。因此，智能型 CAPP 系统无论是在理论上还是在实际应用上，都还有许多工作要做，但智能型 CAPP 系统是 CAPP 系统重要的发展方向。

2.1.2 CAPP 系统在 CAD/CAM 集成系统中的作用

CAD 的结果能否有效地应用于生产实践，数控(numerical control，NC)机床能否充分发挥效益，CAD 与 CAM 能否真正实现集成，都与工艺设计的自动化有着密切的关系。于是，CAPP 就应运而生，并且受到越来越广泛的重视。然而，智能工艺设计的难度极大。首先，工艺设计过程要处理的信息量大。在工艺设计的过程中信息主要包含工件几何特征信息、工件材料信息、工序排列信息、加工设备信息、加工结果信息、加工人员信息等。其次，各种工艺设计信息之间的关系又极为错综复杂。常见的工艺设计信息关系包括并列型关系、从属型关系、关联型关系以及无关型关系等。再次，以前的工艺设计主要靠工艺师多年工作实践总结出来的经验来进行。这样的工艺设计经验无法固化成文字或逻辑规则，从而无法系统学习、改进与程序化。可以看出，现有的工艺规程的设计质量完全取决于工艺人员的技术水平和经验。所以这样编制出来的工艺规程一致性差，也不可能得到最佳方案。最后，熟练的工艺人员日益短缺，而年轻的工艺人员则需要时间来积累经验，再加上工艺人员退休时无法将他们的“经验知识”留下来。这一切原因都使得工艺设计成为机械制造过程中的薄弱环节。CAPP 技术的出现和发展使得利用计算机辅助编制工艺规程成为可能。

美国的 CAM-Ⅰ公司研制出了自己的 CAPP 系统。这是一种可在微机上运行的结构简单的小型程序系统，其工作原理是基于成组技术原理，如图 2-7 所示。随着 CAD、CAM、PDM、MIS、CIMS、CE 等技术的发展和广泛应用，企业已从集成的角度认识到 CAPP 的地位和作用，集成化成为 CAPP 应用的方向。CAPP 集成化的基础是 CAPP 的信息集成，即广泛实现工艺信息的共享。工艺设计的数据化是 CAPP 信息集成的前提，开放式、分布式网络和数据库系统是 CAPP 信息集成的支撑环境。企业在 CAPP 应用的规划与建设中，必须考虑 CAPP 系统的开放性、适用性及先进性，以适应企业信息集成的需求。

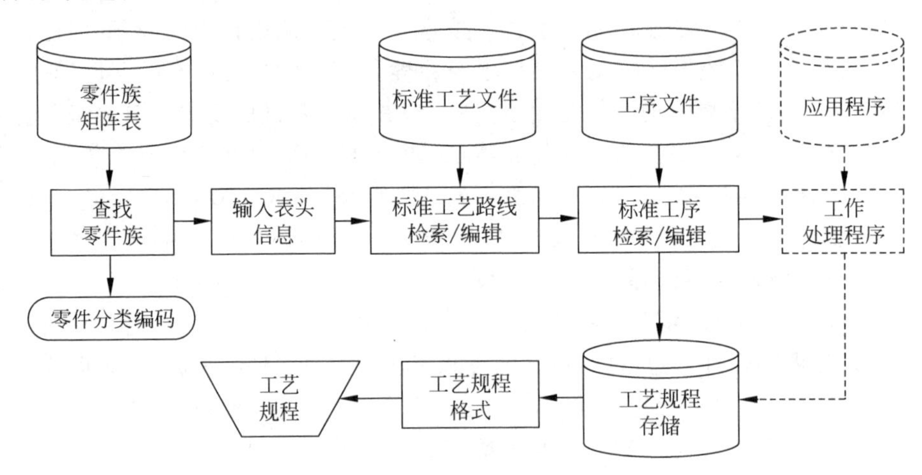

图 2-7　CAM-Ⅰ的 CAPP 系统流程图

从狭义上讲，CAPP 的集成化是指 CAD/CAPP/CAM 集成。因此，目前 CAPP 集成系统的研究与开发，基本是以零组件为主体对象且大都集中在机械加工工艺设计领域，并将零组件的 CAD/CAPP/CAM 集成看作 CAPP 集成化的全部，缺乏从整个产品角度研究 CAPP 的集成和应用问题。目前，随着 PDM、MIS、CIMS 等技术的发展，企业对 CAPP 提出了更为广泛的集成需求。

随着 CAPP 及其集成技术的发展和企业对 CAPP 应用的需求，CAPP 的集成与应用应从以零组件为主体对象的局部集成与应用走向以整个产品为对象的全面集成与应用。CAPP 的集成化应是一个多层次、分阶段的渐进发展过程。其目标是：全面实现企业产品工艺设计和管理的计算机化和信息化，并逐步实现与 PDM、MIS 等系统对产品工艺信息的全面集成和产品设计、工艺设计、生产计划调度的全过程集成。基于此认识，将 CAPP 的集成应用划分为面向数控编程自动化的特征基 CAD/CAPP/CAM 集成应用、面向产品数据共享的 CAD/CAPP/PDM/制造资源计划(manufacturing resource planning，MRPⅡ)集成应用、面向 CE 和 AM 等的产品设计/工艺设计/生产计划调度全过程集成应用等三个方面的内容，如图 2-8 所示。

(1) 面向数控编程自动化的特征基 CAD/CAPP/CAM 集成应用。特征基 CAD/CAPP/CAM 集成不仅是解决 CAPP 信息输入问题的根本途径，而且可以实现数控编程的真正自动化。特征基 CAD/CAPP/CAM 集成一直是 CAPP 发展的重要方向，国内外开发了许多特征基 CAD/CAPP/CAM 集成系统。从应用效益看，CAD/CAPP/CAM 集成应用主要适用于复杂的数控加工类零件。因此，CAD/

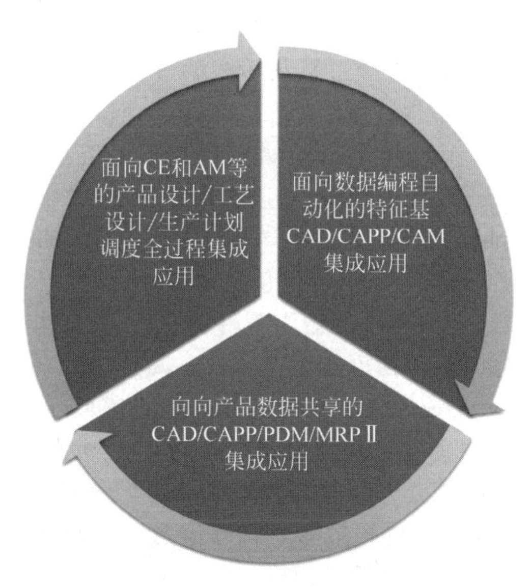

图 2-8　CAPP 集成应用

CAPP/CAM 集成系统的研究与开发的目标应定位于实现数控编程自动化，而不仅仅是工艺决策的自动化。

（2）面向产品数据共享的 CAD/CAPP/PDM/MRP Ⅱ（ERP）集成应用。CAPP 是产品设计制造和生产经营管理实现信息集成的关键性环节，然而人们一直将 CAD/CAPP/CAM 的集成作为研究与开发的重点，从未真正重视 CAPP 与 MRP Ⅱ 等环节的信息集成。随着 MRP Ⅱ 等环节的深入实施与 PDM 的发展，实现面向产品数据共享的 CAD/CAPP/PDM/MRP Ⅱ（ERP）集成应用是 CAPP 应用与发展的重要基础。图 2-9 是 CAD/CAPP/PDM/MRP Ⅱ 集成信息流程图。

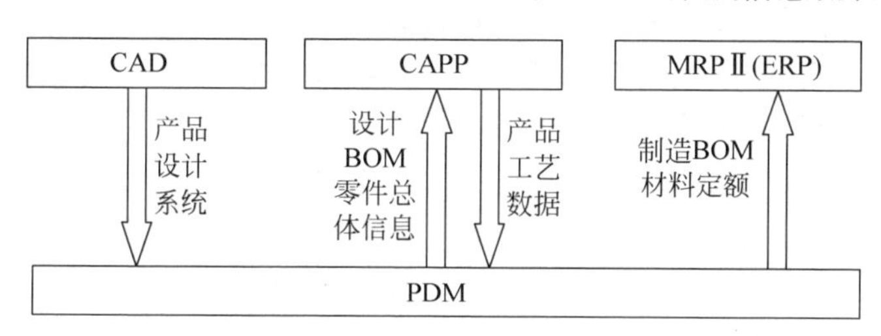

图 2-9　CAD/CAPP/PDM/MRP Ⅱ 集成信息流程图

（3）面向 CE 和 AM 等的产品设计/工艺设计/生产计划调度全过程集成应用。实现产品设计/工艺设计/生产计划调度全过程集成，是并行工程与敏捷制造对 CAPP 集成化提出的要求。一个产品的设计过程包括概念设计、结构设计和详细设计三个阶段。目前，产品设计/工艺设计/生产计划调度全过程集成的研究，主要集中在详细设计阶段的机械加工零件的 CAD、CAPP 及生产计划调度的研究，而未涉及产品级。

CAD/CAPP/CAM 集成一直是 CAPP 发展的重要方向，国内外也开发了一些集成化的 CAD/CAPP/CAM 系统。从技术发展来看，CAD/CAPP/CAM 集成应用主要适用于数控加工类零件。在 CAD/CAPP/CAM 集成研究中，特征基工艺决策模型是关键技术之一。CAD/CAPP/CAM 的集成是指 CAD、CAPP、CAM 之间的信息共享。目前的 CAD 系统，无论是用线架模型(wire frame)，还是实体模型，虽然能精确地表示三维物体，但不能为 CAPP 提供高层次的零件特征信息。目前的大多数 CAPP，采用人机交互输入零件信息的方法，虽然可以在一定程度上满足 CAPP 工艺决策的要求，但需要重复输入零件信息，不仅工作量增大，而且增加了 CAPP 系统对零件描述不一致的可能性。

CAD/CAPP/CAM 集成不仅是解决 CAPP 信息获取问题的根本途径，而且可以实现数控编程的真正自动化。从集成角度看，一个完整的零件特征信息模型可分为三层：零件层、特征层、几何层。零件层主要反映零件的总体信息，它包括零件图号、零件名称、产品型号、生产批量等管理信息和一些总体技术要求；特征层主要反映零件的特征信息，它包括对构成零件的每个特征及其相互关系(位置关系、尺寸关系等)、工艺属性进行描述的信息，是零件信息模型的核心；几何层主要反映零件的点、线、面等几何/拓扑信息，它可利用现有 CAD 几何模型作为基础。

CAD/CAPP/CAM 集成的关键是建立完整的零件特征信息模型。目前，建立一个零件的特征信息模型有三种方法：

(1) 自动特征识别。该方法就是从 CAD 系统给出的零件几何模型中自动抽取特征数据。但目前的 CAD 模型中不包含公差、粗糙度等对 CAPP 至关重要的信息，且已有的自动特征识别算法比较复杂，通用性差。因此，这种方法目前还达不到实用水平。

(2) 特征设计。该方法就是基于特征的零件设计，即零件设计过程中采用的基元是特征，而不是简单的几何信息。这样设计数据库中既有低层的几何信息，又有高层的特征信息，以满足 CAPP、CAM 等后续环节的需求。目前，特征设计有待解决的技术问题还很多，尚在进一步发展之中。

(3) 交互式特征定义。在这种方法中，首先利用现有的 CAD 系统生成零件的几何模型，然后通过交互式特征定义系统，由用户定义特征，最后将完整的零件信息模型存储在设计数据库中。显然，这种方法仍需大量的人机交互，且通常是针对特定的 CAD 系统，通用性差，但目前不失为一条现实可行的方法。

2.2 工艺规划智能化

2.2.1 工艺规划智能化目标

长期以来，由于传统工艺规划是按人工方式逐件设计，再经由企业自制的工艺过程，多品种、小批量生产的工艺规划水平处于十分落后的状态，工艺规划的质量很大程度上取决于工艺规划人员的主观因素。工艺多样性不仅使加工同类零件所用的工艺装备品种、规格、数量不必要的增加，而且还造成生产计划管理的复杂性，从而增加了生产费用，延长了生产周期。

此外，由于传统工艺规划是孤立地针对一类零件设计一份单独的工艺，忽视了它与同类零件的联系，抹杀了同类零件之间在工艺上本该具有的继承性和一致性。随着产品的不断更新和品种的不断增加，使得工艺部门陷入应付繁重的新产品工艺准备工作中，使工艺人员不得不把主要精力和时间耗费在一遍遍地逐件设计和填写零件的单独工艺文件上。工艺人员由于长期处于这种被动局面，无力改进、研究或开发新工艺，便造成了多品种、小批量生产条件下的工艺规划工作的大量反复及被动落后局面。

要想从根本上解决上述问题，最有效的途径便是在成组技术原理的基础上实现工艺规划的标准化和自动化。在产品制造过程中，提高产品的工艺水平，即全面贯彻、推行工艺标准化是保证产品质量可靠性的有效途径。

通过推行工艺标准化，可将具有加工应用的工艺实例存储到数据库中，以便后续通过算法调用等操作进行二次使用。工艺规划智能化是以类似于粗糙集及基于实例推理理论等智能算法为基础，建立基于各类不同算法组合而成的智能工艺规划模块，快速准确地选择工艺方案，使加工最大限度地满足其工艺特点。

工艺规划智能化的目标是通过智能化手段确保各零部件加工企业的成本、质量、时间、服务在市场竞争中具有一定优势，具体可包括如下几个方面：

(1) 优化制造系统。能按成本、质量、时间、服务的要求，使企业制造系统适应现代生产的需要，包括生产模式、生产组织、工厂布置、现代先进制造技术的应用等。

(2) 优化产品制造工艺。这是对具体产品而言，在优化的制造系统中，充分运用系统内的设施、组织、技术，保证产品制造过程的优化，按时、按质、低成本地完成产品制造。

(3) 培养适应现代制造系统的合格工艺人才。在任何系统中，人是最积极的因素，生产系统的优化、产品工艺的优化都是由人完成的，所以企业实现工艺设计智能化的目标必须建立在合格工艺人员的基础上。

2.2.2　工艺规划智能化功能模块构建

工艺规划智能化需要借助工艺问题定义模块、工艺智能优选模块、工艺智能推理模块、工艺知识库模块等功能模块构建而成。

1) 工艺问题定义模块

工艺问题定义是针对一个工艺问题的具体描述进行“填空”，完成对一个工艺问题的完整描述，从而建立起工艺问题模型的实例，其结构图如图 2-10 所示。工艺问题定义模块是用来规范化的定义待解决的工艺问题，用户通过该模块输入必要的基本工艺要素信息，如待加工对象的基本物理特性、加工质量要求、材质种类、基本几何要素等信息。用户输入完成基本原始要素信息后，该模块将生成一个规范化的标准工艺问题定义文件，提供给其他模块调用。该模块用于待求解工艺问题的输入、修改等实际操作，处理完毕之后定义为一个新的工艺问题，再交给后续模块做工艺求解处理。工艺问题定义模块涉及的主要技术要领是如何准确、全面、简洁地表达主轴工艺问题信息。该模块采用框架表示法来表达加工对象的工艺问题信息。

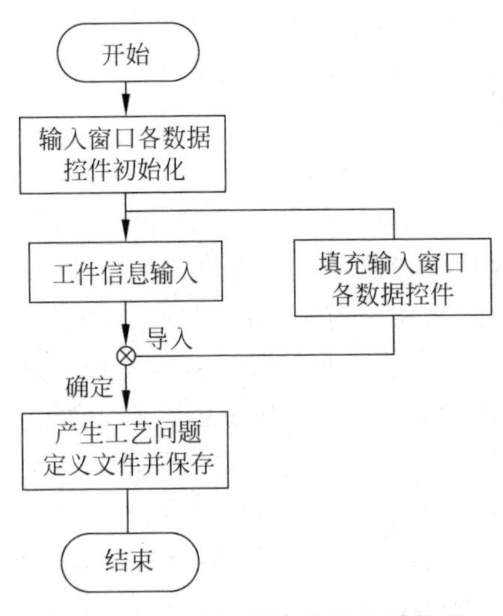

图 2-10　工艺问题定义模块结构图

2）工艺知识库模块

工艺知识库模块是工艺规划中进行各种推理和决策的基础，零件的工艺知识以及知识表达是加工工艺规划智能化的重要基础。知识库虽然在本质上仍然是数据库，但它拥有更多的实体，远比信息库或数据库复杂得多。知识库存放着推理所需的事实、规则及实例，是专家系统运行的基础，为推理机的检索、语义识别、相似性判断和混合推理等提供知识支撑，其构建的好坏直接影响专家系统智能推理的效率及效果。

工艺知识库模块在智能化工艺规划中的作用是支持 CAPP 系统中的智能决策，提供快速、实用的信息服务。模块中的输入输出接口主要用于零件信息、工艺知识的输入，以及零件特征加工方法、工艺路线等的输出；工艺知识经过推理机的控制策略，实现对工艺问题的求解，即实现零件的加工工艺设计；工艺知识库模块中的工艺知识可进行删减或添加，输出的零件工艺路线经过评定后也可作为新的工艺知识存储于工艺知识库中，实现工艺知识的不断更新。智能化的工艺规划过程必须包含具有丰富知识的工艺知识库，各种知识的组织和表达形式对工艺规划智能化过程有着决定性的作用。

工艺知识库模块包含制造资源库、工艺实例库和工艺规则库三部分，具体结构如图 2-11 所示。工艺实例库用于存储企业中标准的加工工艺知识和收集的表面特征的加工工艺知识；工艺规则库用于存储表面特征加工方法匹配规则和制造资源匹配规则；制造资源库用于存储企业中现有的制造资源的信息。

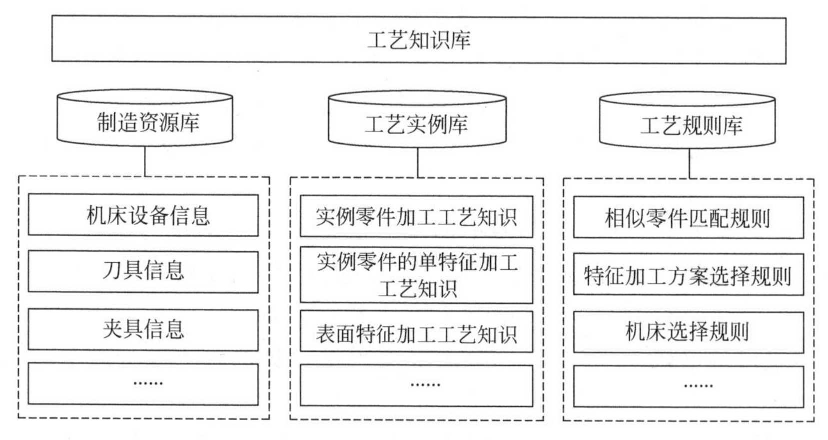

图 2-11　工艺知识库模块结构

（1）制造资源库。制造资源库用于存储企业中的加工设备资源信息，主要包括企业中各种硬件设备的信息，如机床、刀具、夹具、量具等，体现了企业的加工能力，在产品加工时提供基础的物质信息，还可为零件的加工仿真提供数据信息。制造资源在工艺过程设计中与工艺知识和工艺规则间存在着联系，如图 2-12 所示。

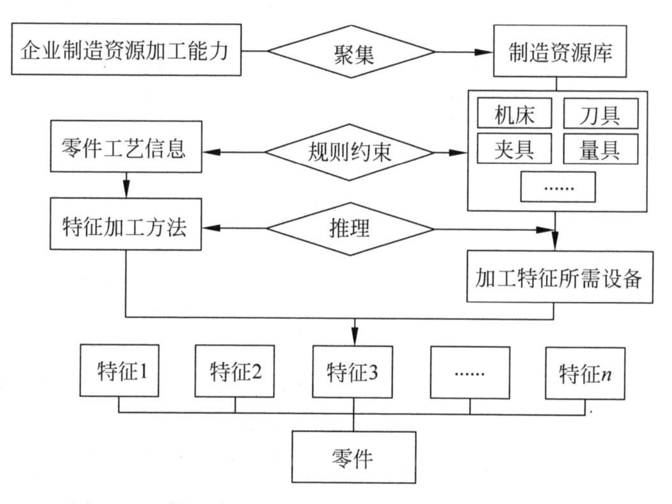

图 2-12　制造资源与工艺知识和工艺规则间的关系

制造资源信息分为基本信息和加工范围信息。基本信息主要描述制造资源的基本属性；加工范围信息主要描述制造资源在加工过程中的加工能力及加工范围。分析零件的工艺信息和制造资源信息，通过工艺规则约束，实现信息之间的匹配，可得到零件特征的加工方法及其所需的制造资源。从加工设备层面来看，可分为加工设备的基本信息，如设备的名称、类型、编号等；加工设备的加工范围信息，即加工设备的加工适用范围与加工设备资源的技术参数信息。以机床设备为例，机床的信息主要包括基本信息、加工能力信息和技术参数信息三部分，后二者可视为机床的加工范围信息。基本信息主要有机床编号、机床名称、机床型号等；加工能力信息主要有最大加工尺寸、形位精度、加工批量等；技术参数信息主要有主轴转速、电机功率、电压等。在加工时选择机床主要考虑零件类型、零件尺寸、加工精度、批量等因素。

(2) 工艺实例库。工艺实例库中的实例零件加工工艺知识和实例零件的单特征加工工艺知识主要是企业多年的生产制造经验经过挖掘整理后得到的知识，这类知识可根据匹配规则进行提取和重用；表面特征的加工工艺知识主要是从一些权威的书籍、专著和设计手册等资料中收集的具有指导性意义的工艺知识。

实例零件加工工艺知识。实例零件加工工艺知识包含实例零件的数据信息描述和实例零件的加工工艺解决方案两部分。其中，零件的数据信息描述是为相似零件的匹配检索提供数据依据；加工工艺解决方案是为待进行工艺设计的相似零件提供方案参考，如图 2-13 所示。

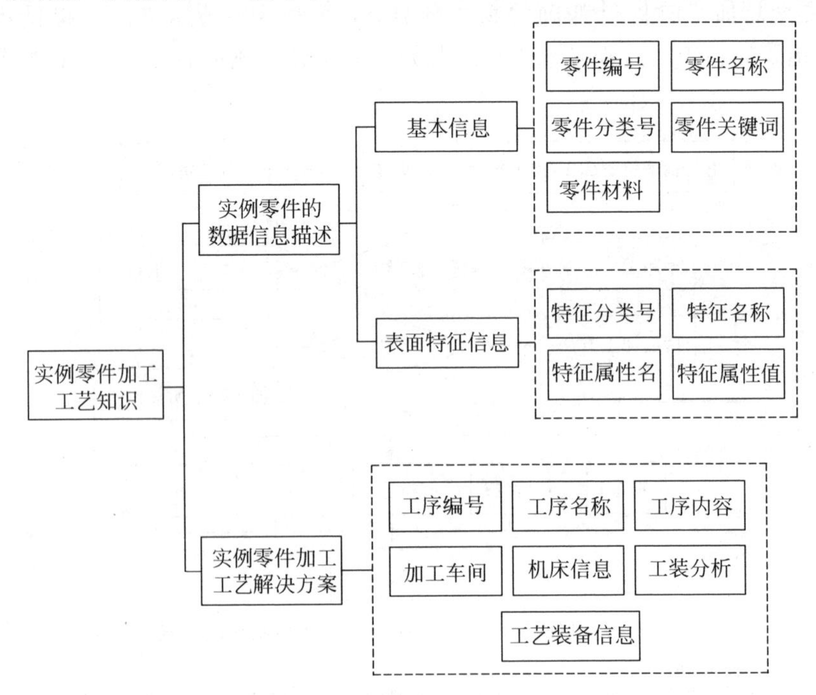

图 2-13 实例零件的加工工艺知识

实例零件的单特征加工工艺知识。实例零件的单特征加工工艺知识是指零件单个加工表面所包含的工艺知识，包括特征信息描述和单特征加工解决方案两部分，如图2-14所示。

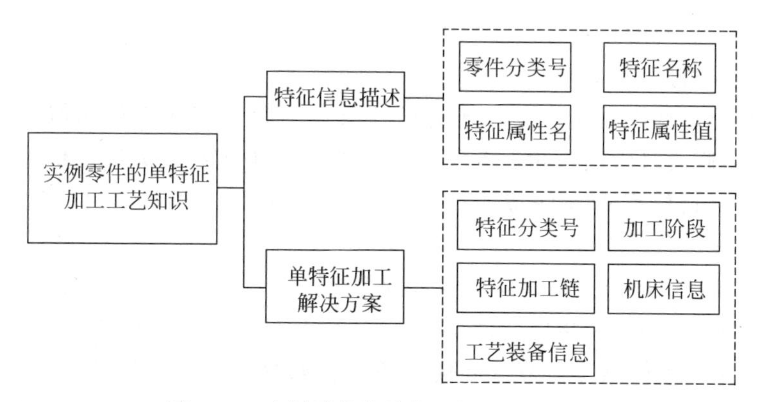

图2-14 实例零件的单特征加工工艺知识

表面特征加工工艺知识。表面特征加工工艺知识是对各类零件表面特征的加工工艺知识进行归纳整理而得到的，它与实例零件的单特征加工工艺知识不同，实例零件的单特征加工工艺知识是针对企业中已存在的实例零件的具体外形轮廓和具体精度的特征而言的，包含了制造资源信息，而表面特征加工工艺知识是针对大类零件表面特征而言的，不包含制造资源信息。实例零件加工工艺知识可以为相似的待加工零件提供可重用的完整加工工艺方案；当待加工零件与实例零件的整体相似度较低，且只有部分表面特征相似度较高时，则可通过实例零件的单特征加工工艺知识进行提取重用；当目标零件的一些表面特征与实例零件的单特征的相似度较低时，则需通过表面特征的加工工艺知识进行提取，并从制造资源库中根据工艺规则匹配相应的资源设备，形成完整的特征加工方案，再进行重用，如图2-15所示。

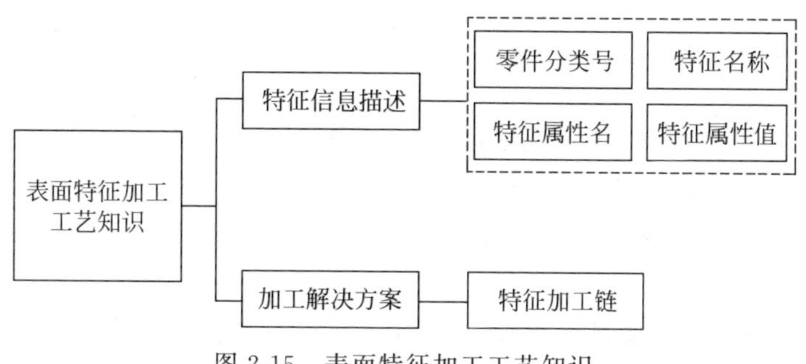

图2-15 表面特征加工工艺知识

(3) 工艺规则库。工艺规则库中存储着多条用于实现零件加工工艺设计的规则，包括零件工艺知识存储规则、零件信息相似度匹配规则、实例零件工艺知识选择规则、表面特征加工工艺知识选择规则、加工设备选择规则、加工基元生产规则、工艺约束规则等。工艺知识库中的知识一般为因果关系型，知识的信息描述部分为"因"，加工解决方案为"果"。因此，基于知识的这一特点，工艺规则库中的规则主要采用产生式规则表示方法实现。

3）工艺智能优选模块

工艺智能优选模块主要是用于有效检索出与目标实例零件相似的源实例零件，并重用或修改后重用该相似源实例零件的加工工艺解决方案。模块中的功能实现主要包括目标实例零件特征信息的获取、基本信息的完善和工艺实例的检索等。

(1）获取特征信息。目标实例的零件特征信息主要是根据零件的模型上标注的尺寸信息进行提取，并生成文件。

(2）完善基本信息。工艺智能优选还需获取目标实例零件的基本信息，如零件分类号、零件材料、零件关键词等。该部分信息无法通过零件的三维模型获取，因此需工艺人员根据零件的基本信息在系统中进行添加完善。

(3）检索工艺实例。工艺实例检索用于检索出与目标实例零件最相似的源实例零件，并给出该源实例零件的加工工艺解决方案以供参考，工艺人员进行审核后可对该工艺方案直接重用，或进行修改后重用。

4）工艺智能推理模块

当工艺知识库中缺少可重用的工艺实例时，可通过工艺智能推理模块重新对目标实例零件进行初步的加工工艺规划。工艺智能推理模块的功能实现主要包括目标实例零件的特征信息获取、对算法参数的调整和加工工艺的排序规划等。

(1）导入实例信息。同样，该模块中需要实现对实例信息文件的读取，得到实例零件的特征信息。同时还可实现工艺人员对特征信息的修改操作。

(2）调整算法参数。工艺规划模块中主要采用人工智能算法进行工艺排序。在进行参数设置时，系统会给出默认参考值，而工艺人员也可依据自身经验进行参数的重新设置。

(3）规划工艺过程。工艺规划模块需实现获取待加工表面的加工方法链、加工基元的生成以及加工基元的排序等功能。工艺人员可对结果进行修改，并添加完善如倒边、清洗、热处理等辅助工艺，最终形成目标实例零件的加工工艺过程。

以上这些功能模块通过人机交互界面与操作人员实现信息交流，例如操作人员需要从工艺智能优选模块优选获得的工艺实例集中选择最符合当前加工的实例；需要对工艺智能推理模块的推理结果进行验证。此外，各功能模块将工艺数据库存储的实例、规则、算法及机床数据等运用于自身运行过程中，并根据模块运行结果对数据库进行自动修改、扩充或删减。

2.2.3 智能化功能模块与CAPP系统的集成

CAPP系统运行的特点就是要对数据库频繁的读写，并通过程序算法实现工艺决策。借助计算机编程技术，采用C++、JAVA、Qt、Visual Basic（VB）等计算机语言作为开发工具，结合SQL Server、SQLite、MySQL、Access等数据库管理系统，集成工艺规划的各项智能化功能模块与CAPP系统，其中对各种数据库的访问采用开放数据库互连（open database connectivity，ODBC）技术来实现。下面就Visual Basic、SQL Server和ODBC技术的基本内容进行介绍。

（1）Visual Basic。VB是微软公司推出的可视化程序开发工具，目前在世界范围内应用广泛。Visual Basic实现了对象的封装，所以当程序员设计程序界面时，只需专注于对象的设计，简洁方便。并且VB可以通过数据Control控件访问多种数据库，具有很强的数据库访问能力，不仅能管理访问大中型数据库，如SQL Server等，而且对一些小型数据库也具有很好的兼容性与处理能力，如Access、Visual FoxFro等。VB 6.0所提供的ADO Control控件不仅可以替代RDO Control控件和Data Control控件，而且可以用最少的代码实现对数据库的控制和各种操作。所以，现有的多数CAPP系统是将Visual Basic作为与各项智能化功能模块的集成开发工具。

（2）SQL Server。CAPP系统有知识库、规则库、制造资源库等大量需要管理和处理的数据，所以对数据库管理系统有很高的要求。SQL Server是基于Web的用来存储数据的数据库，由微软进行开发，因为其具有灵活、功能强大等优点，并且应用程序管理安全，因此目前在Web上十分流行，具有广泛的应用。SQL Server具有友好的操作界面，操作简单，比大型数据库，如Orcle、FoxFro等更加灵巧，且对硬件要求不高。并且比Access等小型数据库有更好的数据处理能力，所以用SQL Server来为事务级的数据提供支持，并开发后台的数据库环境。

（3）ODBC技术。目前市场上有形形色色的数据库系统，它们在应用范围、价格和性能上各有千秋。一个大的信息系统因需求不同等原因，往往会同时使用多种不同的数据库，而每种不同的DBMS都有自己的一套标准，所以它们之间的互相连接与访问成为一个急需解决的问题。微软公司提出的ODBC成为目前一个有效的解决方案。ODBC是为用户提供简单、透明、标准的数据库连接的应用程序编程接口（application program interface，API）。由于ODBC支持结构化查询语言（structured query language，SQL），所以用户可将SQL语句通过API发送到ODBC，从而实现所需要的操作。所以采用ODBC技术对数据库进行访问是十分有效的数据库访问方法。

ODBC：开放数据库互连

2.3 智能 CAPP 系统

2.3.1 系统总体结构

在机械产品工艺设计中，存在大量的不确定因素，早期建立在单纯依赖于成组技术基础上的 CAPP 系统，不能很好地解决这些离散知识的获取问题，只能设计出检索式或派生式系统。而通过将人工智能技术附加于设计工具或计算机软件系统之中，在一定程度上可以帮助人们进行推理、求解和决策，其中最重要的问题是设计知识表达、推理、获取、更新等问题。随着人工智能技术在 CAPP 系统开发中的应用，将有助于工艺人员利用产品和企业的全部数据进行工艺规划，改进工艺方案的可行性和设计效率。

图 2-16 是智能 CAPP 体系与结构示意图。作为工艺设计专家系统，其知识库由零件信息规则集组成，推理机是系统工艺决策的核心，它以知识库为基础，通过推理决策，得出工艺设计结果。

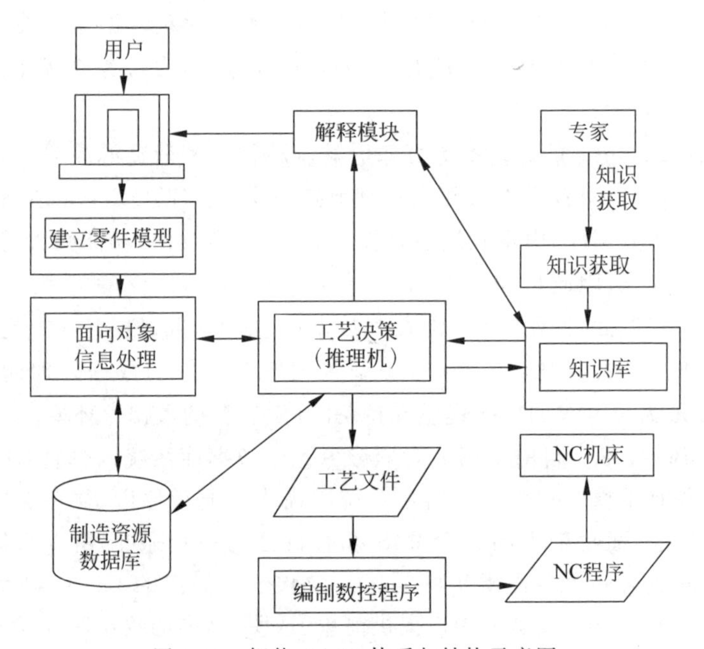

图 2-16 智能 CAPP 体系与结构示意图

智能 CAPP 系统各模块的功能如下：

（1）建立零件信息模型模块。它采用人机对话方式收集和整理零件的几何拓扑信息及工艺信息并以框架形式表示。

（2）框架信息处理模块处理所有用框架描述的工艺知识，包括内容修改、存取等，它起到连接推理机和外部数据信息接口的作用。

(3) 工艺决策模块即推理机,它以知识集为基础,作用于动态数据库,给出各种工艺决策。

(4) 知识库是用产生式规则表示的工艺决策知识集。

(5) 数控编程模块为在数控机床上的加工工序或工步编制数控加工控制指令。

(6) 解释模块是系统与用户的接口,解释各种决策过程。

(7) 知识获取模块通过向用户提问或通过系统的不断应用,来不断扩充和完善知识库。

2.3.2　系统开发模型

系统的开发过程中如遵循一定的规程、开发方法来进行时,不仅可以节省大量的时间,还可以节省人力、财力,并且最终开发出的系统也能够更好地满足用户的需求。在系统开发的过程中,用合理的方法进行系统开发是成败的关键。在系统开发的实践中,有很多方法让系统开发人员来选择,这些方法在各自的适用领域有着不同的优越性与生命力。但不管采用哪种方法进行系统开发,系统的开发都得经历分析、设计、编码、测试和维护五个阶段。

(1) 系统分析阶段。系统的需求分析就是分析并确定开发一个需要满足什么功能的系统。此阶段从用户的需求出发,把系统所需实现的功能用特定的方式表达出来,以保证后续的开发过程不会出现太大的偏差。

(2) 系统设计阶段。此阶段的主要任务就是通过对系统结构的分析将系统分成不同的模块,再根据不同模块的不同功能进行设计。

(3) 系统编码阶段。把模块设计的结果用代码的形式表示出来。在系统编码阶段,编码语言的选择和程序设计的风格对保证产品的质量起着重要的作用。

(4) 系统测试阶段。对系统进行测试是保证系统质量的重要手段。它的目的是保证系统的稳定性和正确性,从而节约成本、提高经济效益。因此系统测试阶段是系统开发过程中一个十分重要的步骤。

(5) 系统维护阶段。此阶段在系统交付使用之后,为了保证系统的实用性,对运行中的错误进行修改,并根据系统的具体情况进行修改以满足新的要求。系统的维护阶段可以保证系统的适用性、扩展性,并且能大大提高企业的经济效益。

其中,需求分析是系统开发过程的第一步,也是最重要的基础。需求分析可以将系统所需实现的总体目标和要求具体化,它可以对系统所需的功能做具体分析,然后将分析的结果作为系统开发的重要依据,以确保开发出的系统和用户的要求不会有太大的偏差。因此在确定系统需求的过程中,应与用户进行沟通,全面考虑用户的要求、想法。

系统需求的主要内容包括以下几个方面:

(1) 系统功能需求。这个部分应该清晰地规定系统所有的功能要求,包括系统应该主动提供的功能，以及对于用户操作系统所需做出的反应。

(2) 系统性能需求。即非功能需求，是对系统提供的功能进行约束，常用于整个系统，而不单独存在于某个系统功能中。

(3) 系统安全需求。描述了在什么情况下能够被授权访问系统。

(4) 系统操作需求。系统操作的物理和技术环境。

(5) 系统出错处理需求。当系统出错时或用户操作出错时的处理情况。

(6) 系统接口需求。这个部分描述了系统与其他已经实现的或者环境中运行着的系统接口情况。

(7) 系统的可扩展性要求。这个部分描述了系统适应变化的能力。

需求分析阶段是对系统定义过程中的最后一步，也是系统开发阶段的第一步，在两个阶段之间起承接的作用。需求分析明确规定了系统需要完成的工作，并且对要求完成的工作做了具体的要求。需求的确定是系统开发中的一个重要的过程。若未对系统进行需求分析，在系统开发过程中系统是非常容易进行更改的。当系统开发进入后期阶段时，一点小小的需求更改都会对之前的整个工作成果产生重大影响，将系统开发变得非常困难，增加了额外工作量，大大减缓了开发效率。

开发 CAPP 系统主要考虑零件几何尺寸和工艺尺寸的提取、工艺决策、系统开发平台、系统开发工具这四个方面的问题。CAPP 起到 CAD 和 CAM 之间的桥梁作用之一就是 CAPP 系统能够自动读取 CAD 系统中零件的几何尺寸和工艺尺寸信息，并基于专家知识与智能算法对加工信息的处理实现工艺设计，从而指导开展 CAM。其中，工艺决策是 CAPP 系统中的枢纽，工艺决策在 CAPP 系统中涉及问题很多，工艺决策的好坏很大程度上是因工艺决策方式所决定的。

构成零件信息的基本结构单元是特征，也是产品功能和制造集成以及工艺过程的重要元素，伴随产品开发的全过程，信息也随之传递。例如在三维智能型 CAPP 系统中，特征数据主要是以三维 CAD 中集成几何尺寸和工艺信息的方式存储在零件信息库中，而这种特征信息的封装程度更高，包含的数据量更大，在后续传递环节的处理难度也会增加。

专家系统中的产生式规则获得的是工艺加工链，采用智能算法对工艺加工链排序，最终获得可行的工艺加工顺序。根据获取的几何尺寸和工艺信息，推理加工方法链，加工方法链的推理机制采用数据驱动方法，数据驱动就是一种正向推理方法，也就是专家系统中的产生式规则，当数据库中的某条数据满足某条规则时，那么就会得到一个相应的动作，逐个规则对比，最终产生一系列的特征加工方法链。

神经网络

目前人工智能技术已越来越广泛地应用于各种类型的 CAPP 系统之中，成为智能 CAPP 系统模型开发的重要组成部分。常用的人工智能技术包括专家系统、神经网络、粗糙集、多代理系统等。智能 CAPP 系统开发中还有模糊推理方法。此外，集合论在工程领域的应用非常活跃，它具有描述不精确知识的能力，可用于 CAPP 中知识的模糊表达、工艺知识复用、工艺方案的模糊评判、特征归类等。

由于工艺设计是特征技术、逻辑决策、组合最优化等多种过程的复合体，用单一的数学模型很难实现其所有功能。人们通过各种智能技术的综合运用，进一步推动 CAPP 向智能化方向发展。例如，人工神经网络具有知觉形象思维的特性，而模糊推理具有逻辑思维的特性，将这些方法相互渗透和结合，可起到互补的作用。所以，CAPP 将会是进一步建立在人工智能技术驱动的、专家系统上的、基于知识的工艺决策体系与组合优化过程。

2.3.3　系统搭建

通过对工艺问题定义、工艺智能优选、工艺智能推理等的研究后，可以建立具有用户界面层、系统功能层、系统支撑层、物理硬件层以及第三方软件等五个层次的智能 CAPP 系统，其整体架构如图 2-17 所示。

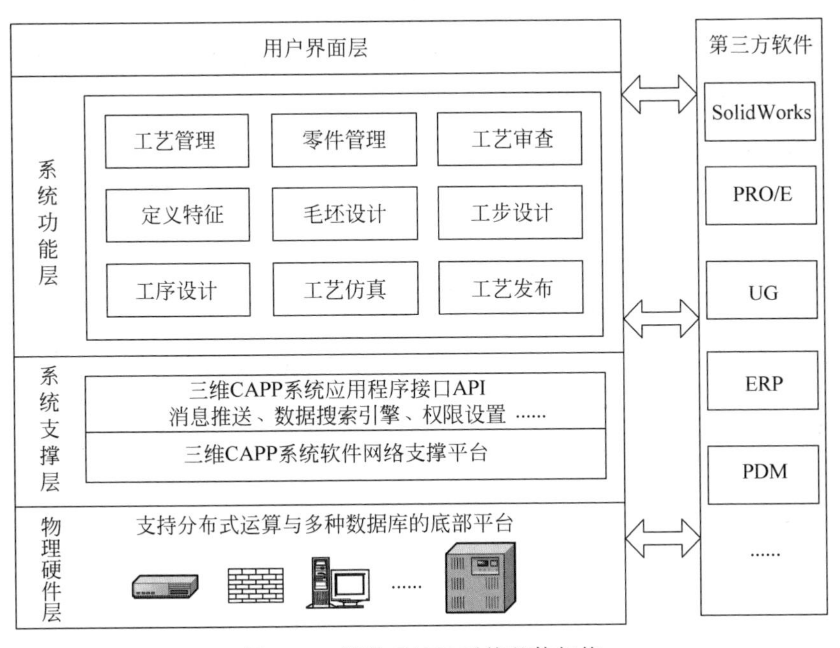

图 2-17　智能 CAPP 系统整体架构

(1) 用户界面层。用户界面层是系统用户与系统的接口，为企业工艺工程师、管理人员及其他使用者提供可视化操作界面。任何软件系统都需要安全控制功能，智能 CAPP 系统也不例外，将系统的用户分为系统管理员、工艺部、设计部、生产部四类，不同部门的用户拥有不同的权限，在实现时，将每一类用户定义为一个角色，这样授权时只需对角色授权，而无需对具体用户授权。

(2) 系统功能层。系统功能层是智能 CAPP 系统的核心部分，包含了系统基本的功能模块。提供了工艺管理、零件管理、工艺审查、定义特征、毛坯设计、工步设计、工序设计、工艺仿真、工艺发布等功能。

（3）系统支撑层。系统支撑层在物理硬件层之上，是底层硬件与上层软件之间的桥梁，由三维CAPP软件网络支撑环境、应用程序接口等组成，提供了数据检索引擎、权限设定、消息与通知等组件，同时提供与PDM、PRO/E等软件的集成接口。为系统的运行提供了扩展、支撑复杂应用的运行环境。

（4）物理硬件层。物理硬件层是整个系统运行的载体，包括服务器、客户机、传输介质与通讯连接设备等，并且存放了各种数据库、规则库、方法库等，为系统支撑层及功能层提供数据的运算、存储和传输等服务。

（5）第三方软件。智能CAPP系统可以和一些第三方软件进行集成，如SolidWorks、PRO/E、UG、PDM等。系统操作者可以根据需要实现工艺数据的输入及输出、文档或图纸的编辑等工作，可以实现系统之间数据的传输，大大提高了工作效率。

第3章

智能工艺系统

3.1 智能工艺系统简介

智能工艺系统是设计型专家系统和工艺支持系统的统称，通过最大限度地挖掘和利用企业在产品开发过程中积累的工艺设计知识，达到提高工艺设计质量与智能化程度的目的。其中，智能工艺系统的性能直接影响知识的使用与积累的效果。

智能工艺系统的设计必须涵盖整个工艺过程，全面考虑与设计过程相关的每个环节。系统需要实现的主要功能是能够最大限度地实现企业已有的工艺、加工信息和知识的重用，为工艺设计的高效率、高精度打下基础。智能工艺系统应当具备以下几个基本功能。

1）数据与知识管理功能

智能工艺系统应当包含相关数据库与知识库，以便于企业的设计和管理人员直接查询数据。数据库与知识库中应当包含机床、工件等信息的基础数据，以及加工过程中工艺实例与工艺知识规则的经验数据和决策数据。系统拥有这些数据之后，用户可以根据自身的实际需求方便地查询和调用这些数据，在提高系统可操作性的同时又确保了数据的准确性。只有合理地存储好这些数据，才能更好地实现工艺智能设计功能，因此数据与知识的管理功能是系统应具备的基本功能。

2）用户管理功能

智能工艺系统作为一个企业级的应用性系统，必然会对工艺软件进行大量的操作，包括实现数据信息的增加、删除、修改、查找等功能操作，这就要求软件要具有安全性，本系统开发时应设置用户管理功能，保护工艺软件信息，以确保软件的安全性。

3）数据安全性功能

数据信息主要存放在底层数据库中，因此，在调用底层数据库信息时需要对关键数据加密处理，以确保数据信息的安全性。

4）工艺决策与优化功能

工艺方案决策与优化是系统功能的核心组成部分。此功能主要以时间、质量、成本等为目标，根据建立的目标函数模型以及约束条件，寻找出最合适的工艺路线及工艺参数，以达成工艺方案决策与优化的目的。

5）工艺仿真功能

通过基于三维模型的数字化建模与仿真、信息与过程集成等技术来模拟加工工艺过程，得到较为准确的力、热、应力、应变等参数，为工艺选择、工具选择以及工艺参数优化等提供重要的理论指导。

6）基于数字孪生的工艺设计功能

基于数字孪生的工艺设计功能将产品运维阶段的质量状况、使用状况、技术状态等反映产品实际功能和性能的数据在虚拟空间记录下来，并实时将产品的运维数据回溯到产品的工艺过程，从产品功能实现的角度对产品研制阶段采用的工艺方法进行评价和比较；还可通过人工智能、机器学习等手段，基于产品全生命周期的孪生数据提炼和挖掘得出有意义的工艺知识，为产品工艺设计的优化和改进提供知识支持。

3.2 智能工艺系统关键技术

3.2.1 工艺信息与工艺问题的知识表达方法

1. 工艺信息与工艺问题的描述

加工的工艺信息含有较多的信息数据，其中包括有工艺类别信息、设备资源信息、加工零件信息等。

1）工艺类别信息

工艺类别信息主要是各种加工方式，如车、铣、磨等加工种类；对于每一种类的加工方式又包括了许多小类，其中磨削加工又分为：外圆、内圆、平面磨等。

2）设备资源信息

设备资源信息由机床设备的属性、规格型号等相关参数构成，常见的设备资源信息为机床型号。

3）加工零件信息

加工零件信息的具体内容分为两大块：毛坯参数和加工质量参数。其中毛坯参数有：工件材料、毛坯余量、毛坯硬度等。而加工质量参数有：圆度、圆柱度、尺寸精度等。

工艺问题描述模型应该满足零件加工所必需的工艺信息的要求，首先，既做到信息全面完整、不欠缺，又要做到信息尽可能不冗余、尽可能简洁，便于信息输入。其次，工艺问题模型空间的描述信息能在系统的不同功能模块之间进行共享。最后，由于工艺信息类型很多，有技术参数及几何模型信息等，这就使得工艺问题模型所包括的内容繁多。因此，工艺问题描述模型必须具有以下几个方面的特点。

(1) 具有统一的数据标准，建立一个完整统一的工艺问题数据模型，并将其存放在一个共享数据文件中，通过工艺问题交互输入，任一阶段的工艺问题的修改信息都能够及时地获得数据的更新，并保证工艺问题描述信息数据的独立完整和唯一，以能适应应用平台系统各个不同功能模块在处理问题时的统一性。

(2) 模型的功能分层次构造，拥有零件的动态模型建立、加工工艺类别的自动识别与选择、零件加工特征信息的识别与提取等基本底层功能单元。为使底层功能单元能协调配合进行工作，开发更上一级的功能模块以实现对各基本底层功能单元的交互式运行调度和控制，从而实现功能的运行管理。

(3) 性能上具有灵活开放的特点，具有可扩展性，能添加新功能单元模块，且在不影响内部数据推理机制的情况下，系统数据、功能模块及知识库等各功能模块都能方便地扩充。

(4) 具有异构性和集成性，可以适应不同企业的系统环境。工艺问题模型空间需要不断与系统中其他各功能模块发生信息交流，而其他各功能模块对工艺信息的要求也是多种多样的，同时，工艺问题处理系统需要对各阶段、各层次的工作流和信息流进行有效控制，这样就使得工艺问题模型不是一个独立的封闭的信息系统，而是一个集成的而且开放的信息架构。

对于几何结构简单的零件，通过交互操作，直接输入零件的加工特征信息；对于复杂零件，在三维CAD软件中造型之后，通过转换为STEP文件，之后导入到系统中进行处理，应用模糊理论及组合算法对处理后的信息数据进行组合，得出零件形状特征信息。对于零件的总体特征信息、管理特征信息以及材料特征信息和精度特征信息等，都通过交互输入模块进行信息的获取，从而可以得到完整的零件工艺信息描述。

2. 工艺知识的特点

工艺知识是人类在工艺研究与实践中所积累的工艺信息，以及对于工艺问题的认识和经验的总和。多年机械制造技术的经验积累使人类获得了丰富的工艺实践知识。工艺知识可以概括地划分为以下三类：

(1) 选择性知识。这类知识属于一般性常识，可以通过查阅工艺设计手册获得。

(2) 决策性知识。决策性知识是指计算、判断与推理以及经验性知识，包括计算决策知识、逻辑决策知识和创造性决策知识。

(3) 控制性知识。控制性知识是关于知识的知识，它一方面是指如何选择、运用工艺知识的元知识，另一方面是工艺知识的背景知识，如知识范畴、应用范围、表格表达等说明性的知识。

工艺知识的主要特点包括：

(1) 多样性。工艺知识有多种形态，有的可以用确切的步骤和公式来表示，称为过程性知识；有的可以用肯定、准确的陈述来表示，称为事实性知识；有的在一定条件下存在因果关系或规律，称为因果性知识；还有的不能用任何固定的形式来表述。这使得工艺知识的完整表达难以实现。

(2) 离散性。许多工艺知识是面向具体加工对象的，不具有普遍性，由此构成的工艺知识库也就只适应于特定的制造环境和工艺习惯，其知识的共享性差，导致在设计时应用工艺知识变得复杂。

(3) 模糊性。工艺设计知识往往具有不确定性、模糊性，有时还存在矛盾性，由此必然引起专家系统推理结果的模糊性。

(4) 不完备性。由于机械产品和加工设备种类繁多，属性构成差异大，而且在工艺设计中存在着大量的非技术性知识和非工艺性知识，所以造成工艺设计知识极其庞大，工艺事实无法穷尽。

(5) 动态性。知识库一旦生成，必然要随着加工对象、制造设备和工艺习惯的改变而改变，所以应不断的修改、扩充和更新知识库。

3. 工艺知识的获取与表达

知识的来源有两个，一个来源是领域专家以及专业技术文献，然而知识并不都是以某种现成的形式存在于这些知识源中以供选择的，为了从中获得知识，需要做大量的整理工作。例如，领域专家虽然能熟练地处理领域内的疑难问题但却难以说明处理问题的原则和规律。上述原因导致了知识抽取的难度。知识的另一个来源是从已有的知识和实例中演绎归纳出新知识以补充到知识库中，这就要求系统具有一定的学习功能。

为了把工艺知识和经验从专家的头脑中和设计手册中提取出来，研究各种获取知识的方法和途径成了知识处理中第一个需要解决的问题。要把抽象的工艺知识以某种逻辑形式表现出来，并编码到计算机中去，这绝不是简单的事情。获取知识和表达知识的最终目的还是为了运用工艺知识来解决工艺设计中的各种问题，一个工艺问题能否有合适的表达方式往往成为知识处理成败的关键。

知识获取的方法分为主动式和被动式两大类。主动式知识获取是知识处理系统根据该领域专家给出的数据与资料，利用诸如归纳程序之类的工具软件直接自动获取或产生知识并且装入知识库中，如图 3-1 所示。它也称为“知识的直接获取”。而被动式知识获取往往是通过一个中介人(知识工程师或用户)并采用知识编辑器之类的工具，把知识传授给知识处理系统，所以也称为“知识的间接获取”。

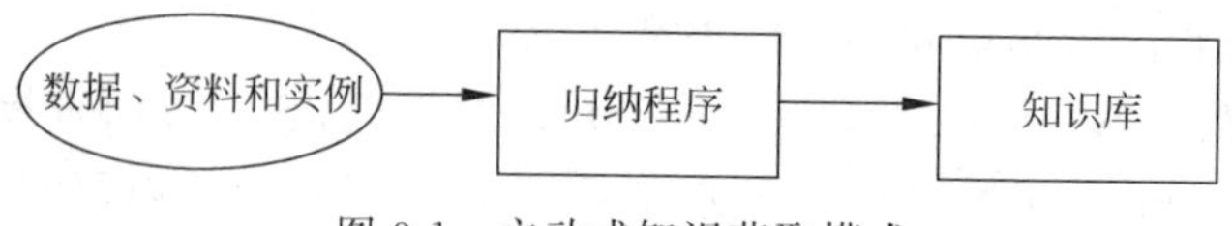

图 3-1　主动式知识获取模式

此外，还有一种基于人工神经网络的知识获取方式，它是通过神经网络中大量的神经元之间的连接权值调整过程来实现的，它不需要知识工程师从领域专家的经验中提炼知识，而是采用神经网络对领域专家提供的大量实例进行学习，从实例中提取知识并将知识用连接权值隐含地分布存储在神经网络中。这种知识的获取方式在一定程度上克服了传统专家系统中存在的知识获取的瓶颈问题。

知识表达是知识处理的基础，不同的知识表达需要用不同的形态和方法来表示，每种表示方法实际上就是一种数据结构。一个专家系统的知识表示方法选取的合适与否，不仅关系到知识的有效组织和存储，而且直接影响到系统的推理效率和对新知识的获取能力。

所谓知识表示就是将专家的经验和理解描述成特定样式的语句，也可采用符号或者数学模型来表达专家知识。在进行知识表示的过程中，需要考虑到知识是否易于理解，后期是否可以维护，表示完成之后是否便于利用。目前，常用的知识表示方法有状态空间表示法、产生式表示法和语义网络表示法。

1）状态空间表示法

一个问题解的状态空间描述了在一定条件下会产生解的所有可能，它是一种类似于采用穷举法的问题解决方案。而状态空间表示法是一种基于解答空间的问题表示和求解方法，它是以状态和操作符为基础的，也是最基本的知识表示方法。它一般采用以下七步来求解问题。

（1）首先定义求解对象的状态空间。

（2）在此空间中找到一个或多个合适的初始状态。

（3）在此空间中找到一个或多个合适的最终状态。

（4）使用一组规则表示可以进行的操作。

（5）根据问题的形式描述画出状态图。

（6）选取恰当的规则和搜索策略遍历问题空间。

（7）选择一个最佳的问题求解方案。

2）产生式表示法

目前，产生式表示法多用于描述规则知识，同时它也是在AI中应用最为广泛的知识表示方法。它的一般形式如下：

“P→Q”或“IF P THEN Q”

含义是：如果满足条件P，则可得出结论为Q并执行Q的语句；通常将P称为规则前提或规则前件，它决定了该产生式是否能够执行，一般为逻辑事实；作为结论的Q代表了需要执行的操作。例如对切削加工中的一条知识采用产生式的表示法表示，知识内容为如果工件材料为铝合金，一般选择的刀具材料为硬质合金。则知识表示如下：

IF <工件材料＝铝合金> THEN <刀具材料＝硬质合金>

3）语义网络表示法

语义网络（semantic network）是由节点和边组成的一种描述知识的有向图。其中节点表示事物的属性、状态等；而边则是两节点之间的关联。语义网络的结构都是由语义基元组成。如图3-2所示即为一个语义基元的结构，其中M、N分别

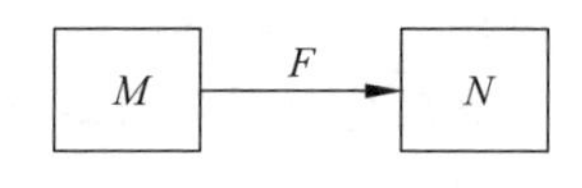

图 3-2 语义基元的结构

为两节点，F 为某种语义联系。

知识表示方法的选取需要根据所要表示知识的性质和结构来具体分析。典型结构件加工工艺知识中含有大量的规则知识，因此在将规则知识收录进知识库时采用产生式表示法描述。

3.2.2 基础工艺数据库和知识库

1. 概念设计

工艺数据库的概念设计就是在这一阶段根据信息需求分析的结果设计出它的概念模型，它展示了数据库的静态结构。工艺数据库的概念结构设计是在确定并获取工艺信息与工艺问题信息之后设计出能够清楚描述实体属性的数据结构。设计工艺数据库概念结构模型时需要遵循以下原则：

(1) 工艺数据库的概念模型应具有很强的内容表示能力，能真实地反映现实世界中实体之间的联系，并且能方便用户查看和使用数据。

(2) 工艺数据库的概念模型应易于理解，方便在进行数据库设计时与用户交换设计意见。

(3) 工艺数据库的概念模型应该能够准确描述加工领域的信息。

(4) 工艺数据库的概念模型应易于向逻辑数据库模式转换。

将实际的抽象需求转换为信息世界的基本架构，常用 E-R 模型（即 entity-relationship model，实体—联系模型）方法进行数据信息的建模，这种建模方法可以实现不受任何数据库管理系统的约束，是一种使用极为广泛的数据库设计工具。E-R 模型主要由实体集、联系集以及属性这三个部分组成，实体间各联系有三种类型，即一对一、一对多以及多对多。如图 3-3 所示为某机床主轴磨削工艺的 E-R 模型。

知识库是以恰当的可推理表示方法定型的某个领域的综合知识体。它收集和整理人类，尤其是专家，在特定应用领域内的知识和经验，并汇集先前解决领域内某种问题的数据和经验，从而建立起来关于某个领域专门知识的数据库。简而言之，知识库是带有一定领域规则的特殊的信息数据库。工艺知识库主要有以下特点：

(1) 工艺知识库中的知识是领域特征的集合，其中存储有工件特征、材料特征等信息。要求它们之间的结构要易于搜索和利于知识组织。

(2) 工艺知识库中的知识具有层次性。最底层是作为“事实”的前提，事实用来呈现加工过程中的事实—推理结论—结果，包含事实编号定义的索引与说明，

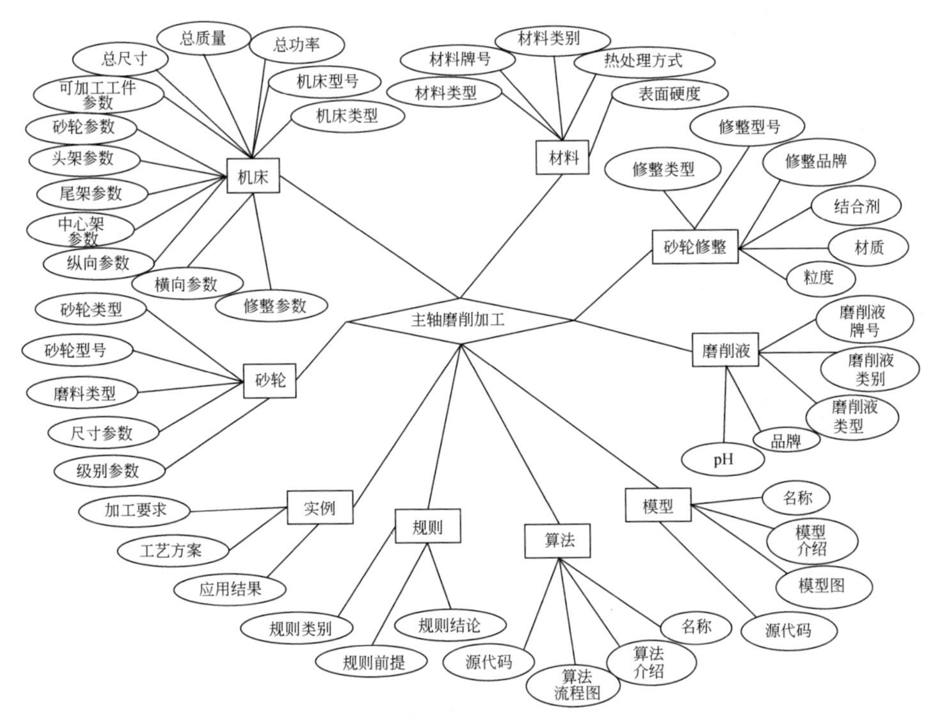

图 3-3　机床主轴磨削工艺的 E-R 模型

如：工件材料、加工精度；中间层是作为“变量”的中间结论，变量用来表示各个阶段不同状态下的工件与工艺要求，包含变量标识符的索引与说明，如：刀具材料、切削液类型；最上层是作为“策略”的最终解决方案，策略用来表达不同解决方案中的前提与结论，如：切削参数。知识库的产生式数据规则结构如图 3-4 所示。

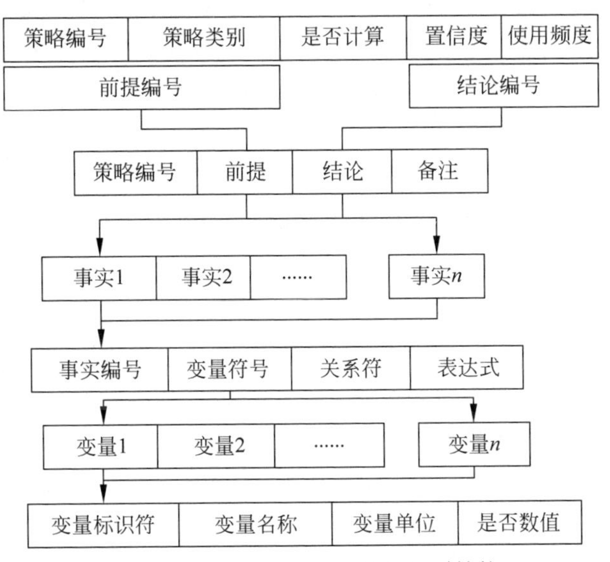

图 3-4　知识库的产生式数据规则结构

2. 逻辑设计

数据库与知识库的逻辑设计是指在数据库管理系统(DBMS)产品中将概念设计阶段得到的E-R模型转换为数据库管理系统下的数据模型。进行关系转换后得到的关系模型有:工件材料关系模型、刀具关系模型、机床关系模型、切削液关系模型和工艺关系模型。除此之外,还要建立系统的用户信息管理关系模型及用户权限管理关系模型,并将以上模型用二维表形式表示。

其中,各个关系模型可以描述为:

工艺(工艺ID,工件材料牌号,工件材料名称,刀具牌号,刀具名称,机床代号,加工步骤,加工方法,加工精度,表面粗糙度,形状特征,切削速度,切削宽度,切削深度,冷却润滑等);

机床(机床ID,机床类型,机床名称,机床型号,生产厂商,可达到精度,行程,主轴进给力,主轴最低转速,主轴最高转速,最低进给速度,最高进给速度,控制系统等);

刀具(刀具ID,刀具牌号,刀具名称,刀具材料,直径,长度,前角,后角,刀尖半径,允许最大转速,刀具厂商,刀片型号,刀柄类型,刀片类型等);

工件材料(工件材料ID,工件材料牌号,工件材料名称,硬度,密度,延伸率,收缩率,热膨胀系数,结晶温度范围,抗拉强度,屈服强度,冲击值,备注等);

切削液(切削液ID,切削液类型,切削液牌号,制造商,备注等);

用户信息(用户ID,用户名,用户密码,用户性别,用户职位,管理员ID,管理员姓名等);

用户权限(用户权限ID,用户 ID,用户名,管理组 ID,管理员 ID,管理员姓名等)。

使用关系型数据库管理系统存储工艺知识,每一条工艺知识都是数据库关系表中的一条记录。这样既避免了由于文件结构混乱导致的知识库中知识重复、冗余的缺点,同时又提高了知识库的使用效率,方便使用者对知识库的管理。工艺知识库包含有工件材料与刀具材料映射关系表,刀具材料、加工方法与刀具牌号映射关系表,工件材料、刀具材料与切削介质映射关系表,工件材料、刀具材料、加工精度与切削用量映射关系表,刀具材料、加工精度与刀具几何参数映射关系表等二维关系表。

3. 数据库与知识库的管理

数据库技术作为信息技术的一个重要支撑部分,是人们有效地进行数据存储、共享和处理的工具。把以下数据都存储到数据库中:①描述企业工艺设计的工艺数据类型(数据字段);②表现企业各专业工艺数据的卡片;③系统生成的工艺文件;④工艺文件中的工艺数据;⑤供其他系统使用的工艺BOM数据;⑥设计过程产生的典型/标准工艺;⑦供其他系统浏览、打印的工艺文件图像数据;⑧智能工艺系统的权限数据。工艺知识库的管理就是系统对大量的工艺专家经验、规则、事实、概念组成的工艺知识的管理。

工艺数据库和知识库管理模块的主要功能包括：存储和管理工艺数据及由大量的工艺专家经验、规则、事实、概念组成的工艺知识，并向用户提供方便快捷的检索和查询手段，为工艺设计提供工艺知识支持。在所提供的内容丰富的工艺知识库基础上，进一步建立企业具体使用的机床设备库、刀具库、夹具库、量具库、切削参数库、材料库、典型工艺（包括工艺、工序、规范化的工艺术语等）库等。

鉴于知识库涉及的数据种类繁多、信息量大，必须采用新的方法对这些信息进行严格有效的管理并提供快速高效的检索查询。从当前比较成熟的技术来看，面向对象是一种值得使用的方法。面向对象是相对于面向过程来讲的，面向对象方法把相关的数据和方法组织为一个整体来看待，从更高的层次来进行系统建模，更贴近事物的自然运行模式。知识库中以对象这种通用模型表示工艺设计中用到的各种数据结构和知识。产品、零件、机床、刀具、工序、工步等都作为对象而存在，每个对象都拥有具体的数据项（属性）和对应的实例（对象实例）。例如车床是一个对象，它拥有名称、型号、加工精度、主轴转速范围、最大加工半径等属性，并拥有CA6140、C1312、C3180、C5321、CW61613等很多实例。

3.2.3　基于实例推理的工艺决策

1. 实例推理的概述

随着科技的飞速发展，机床设备日趋智能化，工艺智能决策也处于越来越重要的地位。在选择加工工艺方案时，主要依赖操作人员的经验的这种方式，选择加工工艺方案的决策效率低、加工柔性差。如合理的使用工艺智能决策便可以使得上述问题得以解决，还能够节约成本，提高效率。

实例推理的本质是通过重用早前经验来进行当前相似问题的求解，模拟了人类使用现有经验对当前问题求解的思路。实例推理进行问题求解的流程为检索（Retrieve）、重用（Reuse）、修改（Revise）以及回收（Retain）。如图3-5所示，当有一

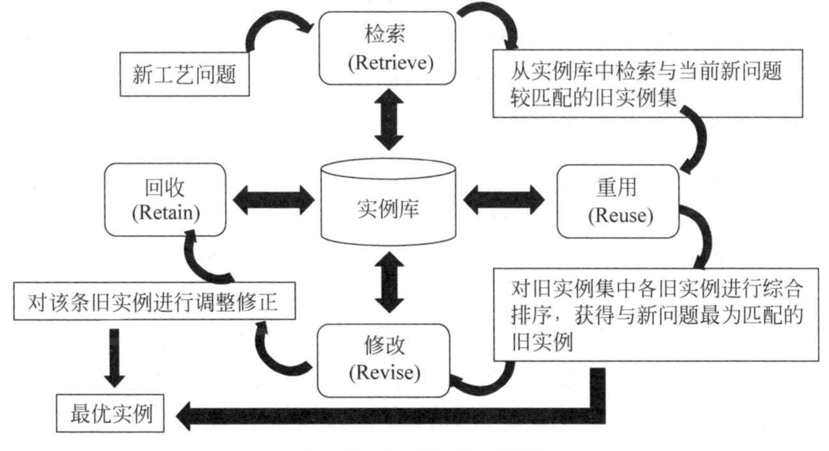

图3-5　实例推理流程图

个新的问题需要进行求解时，会使用某种算法，在实例库中检索出与新的问题相似的实例，该过程称为实例的检索；检索得出的相似实例若满足当前要求，则可以直接借鉴使用，若不满足要求，则会对相似实例进行合理修改，以达到当前需求，这就是实例的重用和修改；对于修改完成后的实例，使用某种评价方法判断其能否回收到实例库，该过程为实例的回收。上述对新问题的求解过程强调了知识重用的重要性。

2. 基于实例推理的工艺决策流程

基于实例推理的工艺决策流程描述如下：

(1) 工艺专家系统运行开始后，读取原始工艺实例数据，利用粗糙集理论的离散与约简算法，对工艺实例中的各特征属性进行离散，然后用约简算法约去工艺实例中的冗余实例和特征属性中的冗余属性，从而得到最具分类能力的特征集。将最具分类能力的特征集中的特征属性进行特征等级的划分，并结合层次分析法自动计算出各特征等级及其所包含特征属性所对应的客观权重大小。

(2) 根据各特征等级的划分结果，采用降序排列，建立实例库索引序列集，划分首要关注特征属性、次要关注特征属性及其他级别特征属性，在实例检索过程中，进行工艺实例的逐步细化检索，从而得到与当前工艺问题匹配较优的工艺实例过滤集。

(3) 读取当前工艺问题描述，与工艺实例过滤集中的工艺实例进行一一匹配，首先依据各级别特征属性相似度计算方法依次进行各级局部相似度的匹配计算，然后依据各层权重进行总体相似度匹配计算，得到与当前工艺问题描述的较优匹配实例集及相应的相似度大小，并按相似度大小进行排序。

(4) 采用相似度与置信度综合评价方法，定义基于相似度与置信度的综合评价因子 R。依次计算过滤实例集中各实例的综合评价因子 R，并按其进行升序排列，将 R 值最大的实例提交于用户，生成专家系统建议的最优工艺方案。

图 3-6 为智能工艺规划决策模块算法流程，其中，单点划线框为基于粗糙集理论的特征选取与权重计算，双点划线框为分层检索过滤算法，虚线框为实例检索算法，圆点框为实例重用、修改及评价回收算法。

3. 基于实例推理的工艺决策步骤

1) 特征选取与权重计算

采用粗糙集理论对实例表中各特征属性的重要程度予以自动辨别。采用粗糙集理论处理特征属性权重时，首先必须把工艺实例信息表示为属性决策表的形式。工艺实例中的工艺问题描述部分的所有特征属性构成了条件属性集，工艺问题解决方案部分的所有特征属性则构成了决策属性集。即粗糙集理论在不影响当前实例库实例集分类效果、保持条件属性(实例前件表所包含特征)与决策属性(实例中件表、实例后件表和实例附件表所包含特征)之间依赖关系不发生变化的前提下，对决策表条件属性集进行约简，获取最具分类能力的实例前件特征集，并求得每个

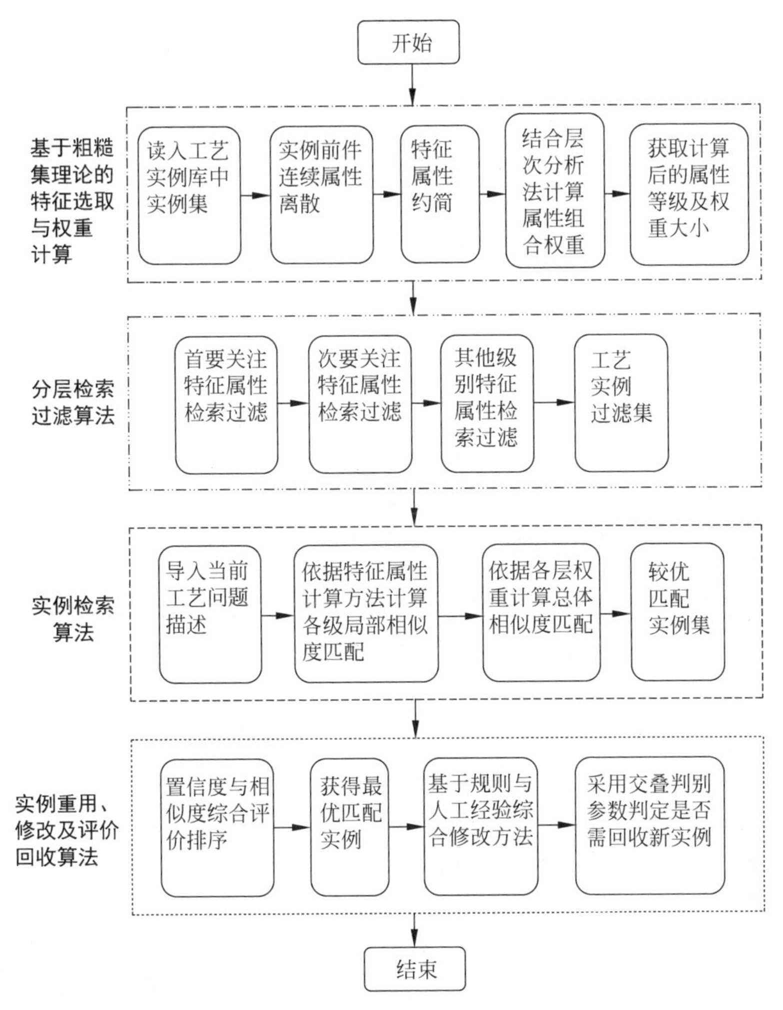

图 3-6 智能工艺规划决策模块算法流程

特征的权重大小。

工艺实例条件属性集通常包含离散属性和连续属性，粗糙集理论不能直接处理取值连续的定量属性，其决策表中的属性只能为离散值。因此，对于连续性特征属性问题，需要采用一定的方法将其进行离散化处理，使之变成定性计算问题，再用粗糙集理论对工艺实例的条件属性集进行属性约简后即可进行特征属性权重的分配计算。基于粗糙集理论的特征属性权重的确定步骤如图 3-7 所示。

层次分析法（analytic hierarchy process，AHP）确定各特征属性权重的具体步骤如下：

层次分析法：一种决策方法

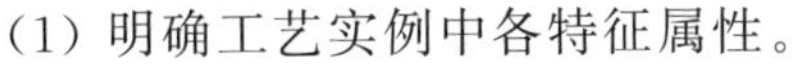

（1）明确工艺实例中各特征属性。

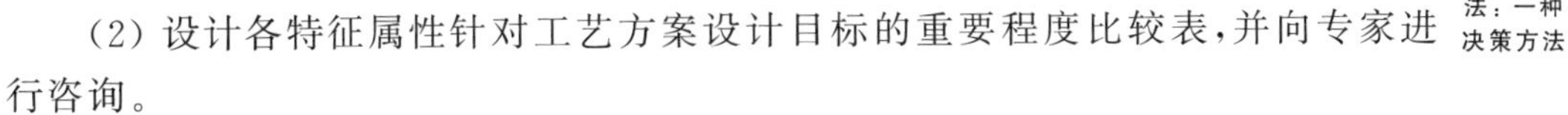

（2）设计各特征属性针对工艺方案设计目标的重要程度比较表，并向专家进行咨询。

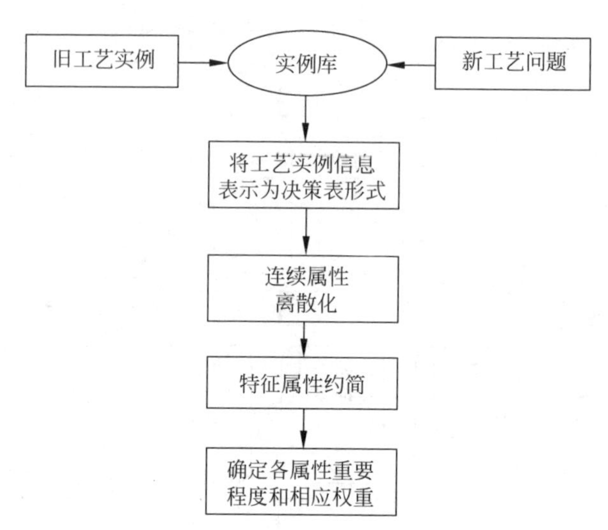

图 3-7 基于粗糙集理论的特征属性权重的确定步骤

(3) 构造两两比较判断矩阵 $T=[t_{ij}]_{n\times n}$(工艺实例总共有 n 个特征属性),其中 t_{ij} 为第 i 个特征属性对第 j 个特征属性的重要性标度,按照“1 至 9 比率标度法”进行取值。

(4) 将判断矩阵 T 每一列归一化后,即可以求得各特征属性相对应的权重。

2) 组合赋权法与分层过滤机制的建立

将以上根据粗糙集理论求取的客观权重与根据 AHP 求取的主观权重按照线性加权的原理进行组合实现组合赋权。

分层过滤机制的建立主要包括以下内容:①对于部分权重较小甚至为 0 的冗余特征不需要对其进行相似度匹配。本文建立的索引序列集中仅将特征权重为 0 的特征予以摒弃,其余特征按照权重大小进行排列,设置三级权重过滤级别。②实例规模较小时,可根据操作人员经验设置初始过滤级别:材料类别对工艺参数的选择影响最大,归为首要关注特征权重过滤级别;材料牌号、加工精度、表面粗糙度对其影响次之,归为次要关注特征权重过滤级别;其余特征归为第三级关注特征权重过滤级别。

3) 实例的检索、重用、修改及回收

在建立分层过滤机制后,依次通过首要关注特征权重过滤级别、次要关注特征权重过滤级别及第三级关注特征权重过滤级别进行工艺实例的逐步细化检索,从而得到与当前工艺问题匹配较优的工艺实例过滤集,以便在较小范围内进行新实例与旧实例的相似度度量。

特征属性相似度的度量是检索最佳工艺实例的基础。进行实例匹配时,在计算新工艺问题和旧实例间的相似度前,必须确定各特征属性不同取值间的相似程度,即局部相似度。特征属性较多,数据类型较为复杂,对于不同类型属性的相似度需采用不同的度量方法。可将特征属性分为四类：数值型、模糊逻辑型、无关型和枚举型。

(1) 数值型属性。在工艺实例中有很多数值型属性，其取值均为某一具体数值。

(2) 模糊逻辑型属性。某些特征属性值的确定依赖于人类的主观认识，一般是根据经验给出的。为方便局部相似度的计算，将模糊逻辑型属性的不同取值用不同的数值表示。

(3) 无关型属性。具有此种局部相似度的属性与一般属性的不同取值之间没有任何联系。

(4) 枚举型属性。材料热处理状态（淬火、退火、回火等）、材料类别等离散型数据属于枚举型。枚举型属性在不同的取值之间对应的局部相似度需根据领域知识加以确定。

在完成新工艺问题与较优工艺实例过滤集中各旧实例的整体相似性度量后，设立相似度阈值，将相似度值小于阈值的旧实例从较优工艺实例过滤集中予以删除。阈值设置越接近于1，工艺实例过滤集中所含实例相似度越高，个数越少。因此，当某次实例检索失败后，可以尝试降低相似度阈值的方法重新检索。

经过实例检索后，与当前新工艺问题相似度不小于相似度阈值的旧实例均会被检索出来，但是由于系统工艺实例数据的有限性，有可能出现某些工艺实例的相似度值大但其综合评价低于其他实例的情况，这就导致实例库中相似度最高的旧实例的工艺方案可能并非是新工艺问题的最佳重用方案。

采用实例重用环节可以将实例库中与当前新工艺问题最为匹配的最佳相似实例检索出来，但最佳相似实例的实例前件与新工艺问题完全吻合的情况较为少见，绝大多数情况下两者之间存在差异，所以需要根据新工艺问题的要求，对最佳相似实例中不适合新工艺问题的部分做必要的调整与修改。

目前常用的实例修改方法主要有基于人工干预的修改、基于实例的修改及基于规则的修改三种方法。考虑到工艺参数之间严重的非线性关系，所以综合采用基于人工干预的修改和基于规则的修改方法。专家系统自动判别特征属性间的差异，并调用工艺数据库中规则库的相关知识，实现对实例库后件表中工艺方案的调整。最后，将调整完毕的最佳相似实例提交给用户，采用人机交互的方式再次予以修正。

经过实例修改后的工艺实例将作为当前新工艺问题的最终解决方案，将其应用于实际生产加以试加工，若满足当前加工要求，则新工艺问题与其最终解决方案一起构成新实例。为了实现工艺实例库在运行过程中的自动扩充，不断增强专家系统解决问题的能力，需要将新实例回收保存到实例库中。但实例库中所保存的实例需要保证其典型性，而将过多相似实例纳入实例库中，将会导致实例库冗余和实例检索效率降低。所以要在保证实例库规模尽可能大的前提下，确保专家系统的运行速度和精度，使实例库精简、适用和完备。

3.2.4 基于数据挖掘的工艺优化

1. 数据挖掘的定义

数据挖掘简单讲就是从大量的数据中挖掘或抽取出对人类有用的知识，从大型数据库的数据中提取隐含的、事先未知的、有效的、新颖的、潜在应用的知识和信息，提取的知识表示为概念(concepts)、规则(rules)、规律(regularities)等形式，这种定义把数据挖掘的对象定义为数据库或数据仓库。也有一些文献把数据挖掘称为知识发现(knowledge discovery)、知识抽取(knowledge extraction)、数据考古学(data archaeology)、数据捕捞(data dredging)、智能数据分析(intelligent data analysis)等。

2. 数据挖掘的组成

数据挖掘主要由数据准备过程、数据挖掘过程以及对挖掘结果的评估与表示三个阶段组成。如图 3-8 所示。

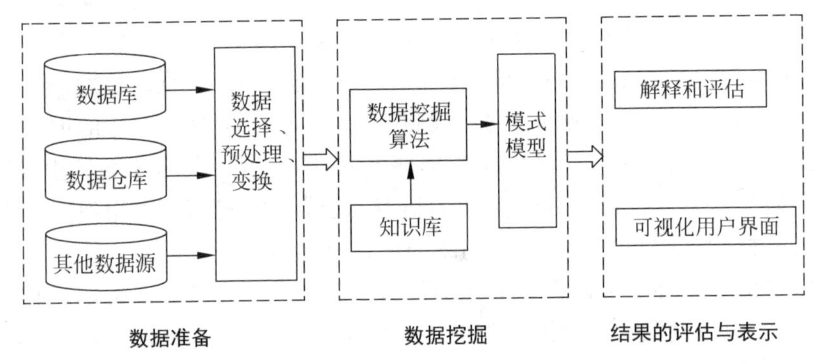

图 3-8 数据挖掘的三阶段过程模型

1) 数据准备

数据准备是整个数据挖掘过程中非常重要的一个阶段，在从各个数据源中对数据进行整合时，数据中往往存在很多噪声、冗余，数据的好坏直接影响挖掘模型的可靠性及决策的正确性。此阶段主要包括数据的选择、数据预处理和数据变换等操作。

2) 数据挖掘

数据挖掘是整个数据挖掘过程中最关键的一个阶段，如何从众多算法中选择合适目标的算法是最重要的一环。此阶段主要是根据数据挖掘的目标选择相应的算法，然后对数据进行分析，挖掘出相应的模式模型。

3) 挖掘结果的评估与表示

模型评估即对数据挖掘过程进行一次全面回顾，从而判断是否存在由于某些原因而被忽视的重要因素或任务；模型表示即可视化，使模型能够友好地呈现给用户。数据挖掘的最终目的是以用户希望的、易于理解的、可视的模式模型呈现给目标用户。由于第二阶段挖掘的模式模型并不一定具有实际意义,或者不是目标用户希望得到的模型,因此要对数据进行解释和评估。这一阶段也很重要,是要以用户希望的、易于理解的、可视的模式模型呈现给目标用户。

3. 数据挖掘的主要方法

数据挖掘的方法众多,主要包括遗传算法、神经网络方法、决策树算法、关联分析、粗糙集方法、模糊集方法、统计分析方法、覆盖正例排斥反例方法、可视化技术等,下面针对几种主要的方法进行简要描述。

1) 遗传算法

遗传算法(genetic algorithm,GA)最早是由美国的约翰·霍兰德(John H. Holland)于20世纪70年代提出,该算法是根据大自然中生物体进化规律而设计提出的,是模拟达尔文生物进化论的自然选择和遗传学机理的生物进化过程的计算模型,是一种通过模拟自然进化过程搜索最优解的方法。它是在自然选择和遗传理论的基础上,将大自然生物进化过程中适者生存不适者淘汰规则与群体内部染色体的随机信息交换机制相结合的搜索算法,主要由编码机制、参数控制、适应度函数、遗传算子四部分组成。其主要过程如图3-9所示。

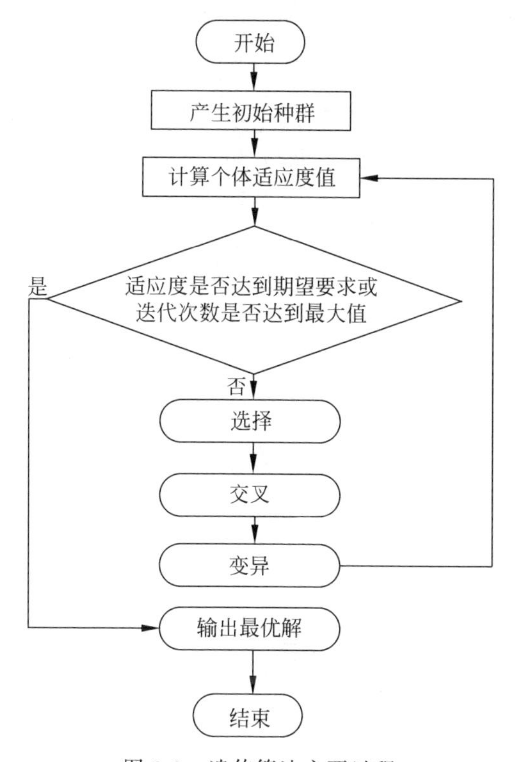

图3-9 遗传算法主要过程

遗传算法具有自组织、自适应、智能性、隐含的并行性等特点，广泛应用于函数优化、组合优化、生产调度、遗传编程、机器学习、智能控制、图像处理、机器人、人工生命、数据挖掘等领域。虽然遗传算法得到了广泛应用，但遗传算法自身也存在着很多缺点，如容易产生早熟收敛、收敛速度慢，以及局部寻优能力较差等。因此针对遗传算法的特点，如何结合其他算法的寻优思想对遗传算法进行改进需进一步深入研究。

2）神经网络

前馈神经网络

神经网络是指能够模仿人脑神经元联接结构特征并且进行分布式并行信息处理的数学模型。神经网络能以任意精度逼近非线性函数映射关系，具有较强的容错能力，具有自学习、自适应、并行处理等特点。其中使用较为广泛的是多层前馈(back propagation，BP)神经网络和多层前馈式神经网络。其基本流程图如图3-10所示。

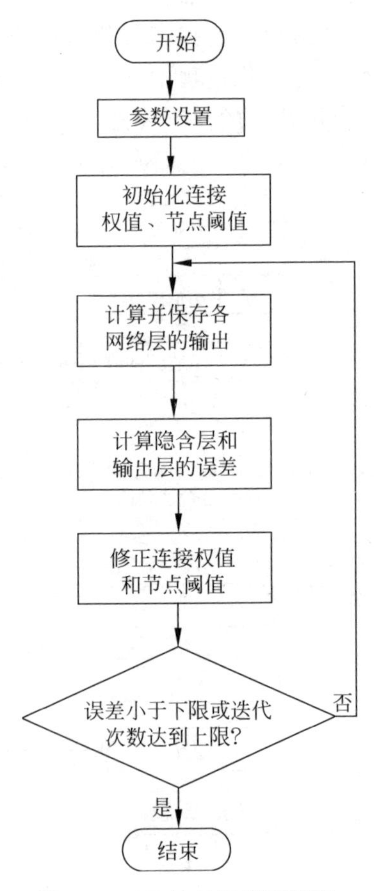

图3-10　BP神经网络流程图

神经网络广泛应用于自动控制、组合优化、模式识别、图像处理、机器人控制等领域。目前，神经网络已经被应用到许多方面，发展前景广阔，但还存在着很多问题，如神经网络的稳定性与收敛性差，以及单一神经网络无法达到理想效果、多种算法如何进行有效结合等，都还需要进一步深入研究。

3）关联分析方法

关联分析通常是指关联规则挖掘。它是通过对当前数据分析，从而找出数据间的密切联系。主要是根据用户预先设定的支持度阈值和置信度阈值，对当前数据找出满足这两个阈值的关联规则，满足最小支持度和最小置信度要求的关联规则即为强关联规则。目前最为典型的关联规则挖掘算法是 Apriori 算法。最典型的应用是市场购物篮问题，还广泛应用于银行、金融数据分析、零售业、生物医学、DNA 数据分析、推荐系统等方面。目前，关联分析方法还存在很多不足，如何使关联规则算法体系标准化、模块化，如何对一些非结构化数据进行有效处理以及如何将关联规则与其他的决策方法结合都值得进一步深入研究。

Apriori：一种挖掘关联规则的频繁项集算法

4）决策树算法

决策树算法是应用最广的归纳推理算法之一，是一种逼近离散函数值的方法。它是在分析和归纳信息理论基础上，采用树结构，从根节点到叶节点逐层划分，决策树的根节点包含样本的信息量最大，叶节点是样本的类别值。目前应用最为广泛的是 ID3 算法和 C4.5 算法。决策树算法具有分类精度高、模型可读性强、对噪声数据具有很好的健壮性等优点，所以广泛应用于各个领域。目前，数据挖掘已进入大数据时代，决策树方法的效率以及对复杂数据的适应亟待提高。

5）粗糙集理论

粗糙集理论能够有效地分析和处理不确定、不精确、不完整信息，从中发现隐含的知识，从而揭示潜在的规律。粗糙集理论由波兰华沙理工大学帕拉克（Z. Pawlak）教授于 1982 年首次提出，在人工智能、模式识别、数据挖掘和智能决策等领域得到了广泛应用，粗糙集理论的核心问题是属性约简。目前，粗糙集理论虽然得到了广泛的应用，在处理不确定信息方面具有不可替代的优越性，但还存在着某些不足之处，如缺乏对噪声数据的适应能力，不确定性概念的边缘刻画过于简单等，需要进一步深入研究。

6）可视化技术

可视化技术是计算机和用户之间进行信息沟通的重要渠道。它将数据库中潜在的、有用的信息以直观的、易于理解的方式呈现给用户，便于用户正确的决策。可视化技术可分为数据可视化、数据挖掘过程可视化、数据挖掘结果可视化、交互式可视化数据挖掘四类。目前，数据挖掘已进入大数据时代，可视化需求更加迫切，而可视化技术运用于数据挖掘一般是作为表达工具，在人机交互和用户自主性方面仍需加强，因此，如何将可视化技术和数据挖掘技术有效结合还需进一步研究。

4. 基于数据挖掘的工艺优化

采用数据挖掘算法解决实际工艺优化主要分为下列两步：第一步，构建数学模型。对可行方案进行模型、约束条件以及目标函数的构造；第二步，进行最优值的搜索策略。在约束条件下搜索最优解的方法,例如遗传算法(genetic algorithm,GA)、启发式搜索方法等。此处以遗传算法为例来求解工艺路线优化问题,基于遗传算法的工艺路线选择与排序优化方法的步骤如图 3-11 所示。

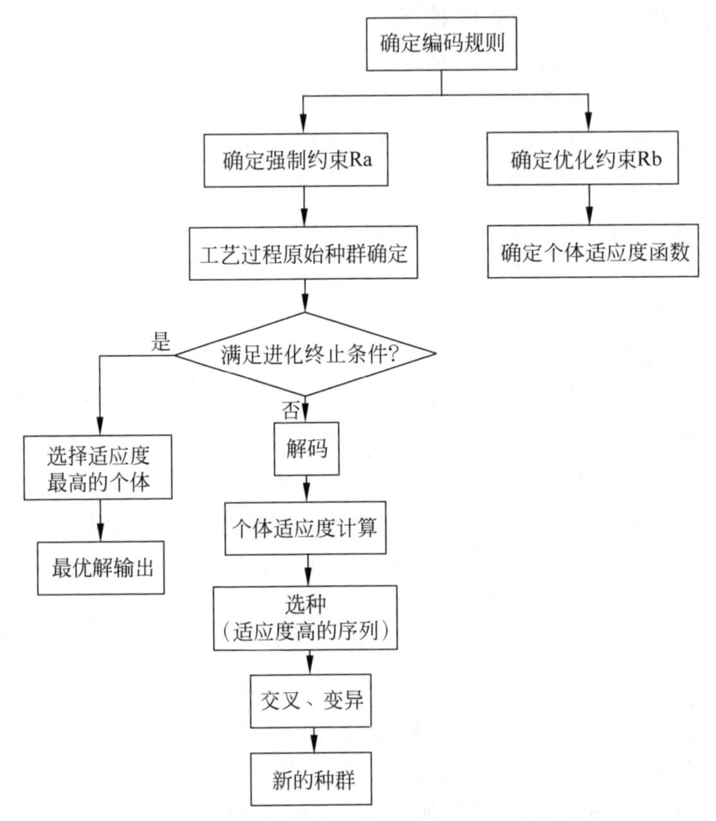

图 3-11　基于遗传算法的工艺路线选择与排序优化步骤

1) 编码

应用 GA 首先要对问题中的变量进行编码,编码的形式没有限制。常用的是二进制码链。编码使求解问题形式化。因此,不好的编码往往导致算法失败。

2) 原始群体的产生

一般采用随机方法产生一系列初始码链,构成原始群体。GA 的任务是从这些原始群体出发,模拟进化过程,汰劣存优,最后得出优秀的群体与个体,满足优化的要求。

3) 适应度计算

遗传算法中以个体适应度的大小来评定各个个体的优劣程度,从而得出其遗传机会的大小。

4) 选种

选种就是从群体中随机的选取一对个体作为其繁殖后代的双亲。通常,根据个体适应度，按照一定的规则或者方法，从第 t 代群体 $P(t)$ 中选择出一些优良的个体遗传到下一代群体 $P(t+1)$ 中。

5）交叉

交叉就是将群体 P 内的各个个体随机搭配成对，对每一个个体以某种概率（称为交叉概率）选择一个断点，将双亲的基因码链在断点处断开，然后，模拟自然交配过程进行交换其断开后的一部分。

6）变异

变异操作模拟生物在自然遗传环境中由于各种偶然因素引起的基因变异。其方法是以一定概率 P（称为变异概率）从群体中选取若干个个体，对所选的每个个体随机的选取某一位或一些基因值，改变为其他的等位基因。

基于遗传算法实现工艺排序的基本步骤如下：

（1）首先确定基因编码规则，并随机生成原始群体，然后开始进化过程。

（2）通过解码算法将个体基因码解码成合理的加工过程链，根据 Rb 计算出所有个体的适应度（根据适应度函数），其中适应度较高的个体具有较高的繁殖概率。

（3）根据交叉率和变异率选择再生个体进行交叉和变异，经过若干代进化后，最终群体中适应度最高的个体就是最优或者较优的工艺路线。

3.2.5 基于三维模型的工艺设计

1. 工艺设计内涵

三维模型的工艺设计技术是产品数字化设计与制造技术的重要组成部分，是指工程技术人员在产品开发过程中，以三维模型为核心实现产品设计、工艺设计、加工、装配、检验及维修等一体化应用，并通过基于三维模型的数字化建模与仿真、信息与过程集成等技术来提高产品开发决策的能力和水平，获得提高产品研发效率和保障研发质量的相关技术及方法。三维数字化设计制造技术的核心，是基于三维模型进行早期分析仿真与验证，及早发现设计问题并更改，从而在最短时间内使产品完成加工装配并满足设计性能。

三维数字化设计制造技术的主要支撑手段有：①以基于三维模型的“唯一数据源”为核心，实现产品研制过程中全过程的“零误差”信息传递和全过程的并行及协同；②通过基于三维模型的数字化建模和仿真工具，以实现最好的产品性能设计、工程分析和制造。

三维模型数字化设计制造主要包括三维数字化设计、三维数字化工艺和三维数字化检测等。三维数字化设计是指工程技术人员以三维模型为核心来完成产品设计过程中的各项工作，如零件设计、装配设计、工程分析等，以达到提高产品设计质量、缩短产品开发周期、降低产品成本的目的。三维数字化工艺是指工程技术人员在计算机辅助下，基于产品的三维数字模型全面开展产品工艺过程的模拟仿真，从而辅助工艺设计人员确定出合理的工艺规程。三维数字化检测是指从三维

CAD模型中获得检测信息，自动制定检测规划和生成控制代码，驱动尺寸测量装置进行测量工作，获得的测量数据可反馈给三维CAD系统，从而判断实际零件是否满足设计要求，进而控制进一步的加工。

2. 基于三维模型的工艺设计的关键问题

三维数字化设计制造实现了从传统模拟的、二维的模式向数字的、三维的模式的转变，被称为是制造工程史上的一次重大革命。它避免了大量的二、三维间的转换工作，避免了大量的必须靠实物进行判别、评估和确认的工作。它可以通过预先精确的定义、模拟和优化实现在产品设计制造的每个环节辅助决策，并提前发现可能出现的错误，从而缩短研制周期并保障研制质量。在这个过程中，基于三维数字化模型的产品定义是一切工作的源头，是需要首先解决的问题。在解决了基于三维数字化模型的产品定义后，工艺制造等环节可以以三维模型为核心并行开展工作，工艺人员可直观理解设计意图，并将设计模型转为制造过程的工艺模型加以应用，从而达到大幅提升产品结构设计和工艺设计能力的目的。三维数字化设计制造中的关键技术包括基于三维数字化模型的产品定义、基于模型的定义(model based definition，MBD)的数字化工艺设计、基于仿真的三维工艺验证与优化、三维工艺信息的集成应用、基于MBD的数字化检测技术等。

1) 基于三维数字化模型的产品定义

在以二维工程图为核心的设计模式下，常在PDM系统中以文档的形式进行管理，作为文档附件添加到产品结构树的零部件节点上。在工艺规划、加工仿真、夹具设计等制造阶段，需要通过二维工程图获取设计要求，并根据二维工程图重新建立零部件的三维模型，以实现后续数控编程和加工仿真等工作。以二维工程图为核心的设计模式实际上是传统手工绘制工程图的计算机化，由于其缺乏几何模型等信息的传递手段，使得设计与制造难以实现信息的集成和共享。

在以三维模型为核心的设计模式中，产品的所有定义信息都以三维模型为基础进行表达，包括尺寸、公差、技术要求、制造要求等，这种设计模式也称为“MBD技术”。三维模型在PDM系统的统一管理下进行发布(工程中可采用多次模型预发布的形式来实现设计、工艺、制造等人员的并行协同)和传递。工艺人员在获取三维模型后，可以根据需要，采用相应的工艺设计、NC编程、加工仿真和虚拟装配等软件，进行工艺的设计和仿真分析。三维模型可以通过模型转换技术，传递到其他应用系统中。

值得一提的是，有些企业认为开展三维数字化制造技术后，设计师提交的三维模型可以直接传递给其他工序(例如数控加工)使用而不做任何的模型修改，同时机械加工工艺师用到的包括毛坯在内的中间工序的三维模型也可以通过三维模型映射自动得到。但现实情况却不是这样，一般其他工序获得三维模型后，都要进行一定的修正才能应用，有时模型的修正量相当大，甚至与重建模型的工作量不相上下。因此为减少各工序的模型修正工作，一定要做大量标准和规范的制定工作，尽量提高三维模型的质量。在实现以三维模型为核心的产品数字化建模中，需要解决标准规范、建模工具、模型管理等一系列问题。三维模型是在三维CAD软件中完成创建的，根据设计建模规范需要在CAD模型中完成几何建模、尺寸公差标注、技术要求定义、基本属性信息定义，同时定义装配关系，形成产品装配物料清单。

目前，在军工行业中应用的主流CAD系统包括PTC公司的Pro/E、西门子UGS公司的UG-NX、达索公司的CATIA等，一些企业还使用了SolidEdge、CAXA等其他软件系统。在基于三维数字化模型的产品定义中，现有的三维CAD系统在建模、标注、属性定义等基本功能上都能满足工程应用的要求，只是在使用方式和易用性上有一些差异。但是，为实现规范性的建模，保证三维模型在数据集定义、建模方法、尺寸及公差标注、技术要求标注等方面符合企业内部的标准和规范，保证模型可以在后续的工艺设计、制造仿真和制造执行中得到全面的应用，需要在CAD软件的基本功能上进行专门配置或者定制开发。

同时，在三维数字化设计制造中，为实现设计制造的集成以及并行工程，需要在设计过程中考虑后续制造环节的要求，采用设计和工艺一体化(intergrate product and process development, IPPD)的设计模式，在设计过程中将制造过程的各种要求和约束，包括加工能力、经济精度、工序能力等，融入设计建模过程中，采用有效的建模和分析手段，从而保证设计结果制造的方便和经济。这种设计模式称为面向制造与装配的设计(design for manufacture and assembly，DFMA)。根据制造过程中不同的工艺方法，DFMA又可以分为面向加工的设计(design for manufacturing，DFM)、面向装配的设计(design for assembly，DFA)、面向检验的设计(design for test，DFT)、面向维修的设计(design for seniceaility，DFS)等。

2) 基于MBD的数字化工艺设计

基于MBD的数字化工艺设计是指工艺设计人员接收产品设计部门发布的物料清单、三维模型、技术要求等信息后，根据这些信息进行三维工艺设计，并对设计结果进行三维仿真验证，最后编制成三维工艺规程供操作工人和检验人员使用。采用三维数字化工艺设计手段有助于实现与产品设计并行的三维工艺设计和分析，提前发现可能的设计缺陷，保证研制质量，缩短研制周期。三维工艺设计涉及的主要内容包括三维设计模型转换、三维工艺过程建模、结构化工艺设计、基于MBD的工装设计、三维工艺仿真验证与标准资源库建立等，并最终形成基于数字化模型的工艺规程(model based instructions，MBI)。

(1) 三维设计模型转换：将接收到的来自设计部门的三维模型转换为制造环节需要的模型格式。这部分工作一方面是由于设计制造单位所使用的三维CAD软件不同或者软件版本不一致而需要进行模型转换，另一方面是将设计的三维模型转换为制造环节需要的轻量化模型(例如将Pro/E的.PRT模型转换为.PVZ轻量化模型)。

(2) 三维工艺过程建模：建立产品制造过程中包括毛坯在内的中间工序的三

维模型(包括模型标注),以满足工装设计、工艺参数计算和数控编程等工艺设计活动的需要。

(3) 结构化工艺设计:实现从设计 BOM 到工艺业务流程管理(business process management,BPM),乃至工艺全要素的完整定义。

(4) 基于 MBD 的工装设计:充分利用三维模型实现工装的快速设计,通过仿真提高工装设计质量。

(5) 三维工艺仿真验证:充分利用三维模型进行机械加工、装配、钣金、铸造等多专业的工艺仿真与验证,获得最优的工艺参数。

(6) 标准资源库:建立包括工装、材料、设备、标准在内的资源库,辅助工艺编制。

三维工艺设计最终形成 MBI。目前有人认为 MBI 必须是以三维为主的无纸化的工艺规程,也有人片面地把三维工艺过程仿真理解为三维工艺,这些理解都具有局限性。工艺规程是由工艺人员向操作人员、检验人员等转达设计意图并提出工艺要求的文件。传统的工艺规程必须和二维工程图一起交给操作者和检验人员,才能进行加工制造。实现三维数字化设计后,取消二维工程图,设计下发的是三维模型,需要将设计下发的三维模型转换为轻量化模型,然后与工艺规程一起下发。三维工艺规程是一种以文字信息、三维模型、图片、动画等多媒体信息组成的多维工艺文档,它是以三维形式为主还是以文字信息为主,应由工艺的专业类型(有的工艺适合三维形式表达)和当前的计算机信息技术应用水平决定。与传统的卡片式工艺规程相比,三维工艺规程具有三维表达、结构化和多媒体化三个典型特征。

(1) 三维表达。三维工艺规程是基于三维数字化模型产生的(不是基于二维工程图),是设计模型(包含产品设计 BOM 信息)在工艺设计阶段的重用。三维设计模型应用于工艺信息表达,不是简单地取代工艺简图。应用三维数字化工艺模型有如下优势:一是便于在三维模型的基础上提取设计要求,也能够实现工艺描述性文字与视图、特征、标注等不同信息的链接,从而大大提高工艺设计和工装设计效率;二是三维数字化工艺模型能够直观、准确、全面地展示产品设计和制造信息,从而提高产品设计人员、工艺设计人员和车间工人之间的信息传递效率和协同能力;三是通过三维工序模型按工序或工步顺序形成工序模型序列,可实现产品动态的加工或装配过程展示,有利于查看和分析工艺设计意图和产品的制造过程。

(2) 结构化。三维工艺规程的结构化,一方面是指三维工艺规程改变了原来基于产品图号的管理模式,采用基于 BOM 结构的管理模式,方便用户更直观快捷地了解所需信息及相互间的关联关系,提高了管理效率;另一方面,与传统的基于卡片式的工艺规程相比,三维工艺规程实现了工艺内容的结构化管理。三维工艺规程把原来表格式的结构形式变为自然顺序的结构形式,按照面向对象的方法,实现了主工艺与分工艺、工艺与工序、工序与相关资源的全要素关联,并将每道工序涉及的文字性的工艺描述信息、配套资源(工装夹具、工具等)、三维工序模型、检验要求等信息分别进行组织和管理，同时可按用户要求对各种报表进行汇总，不但大大提高了工艺管理效率，而且还便于工艺数据定义、关联、扩展及后续与其他系统的信息集成。

(3) 多媒体化。三维工艺规程是一种以文字信息、三维模型、图片、动画、录像等多媒体信息组成的多维工艺文档。例如在机械加工工艺规程中提供产品的三维模型，可以从不同角度、不同剖面详细了解产品的设计意图；再如装配工艺规程中包含产品装配顺序和路径的仿真动画，可用来指导现场装配等。

基于三维零件模型的工艺路线设计过程分为两个阶段，如图3-12所示。一是建立工艺信息模型，从零件模型中提取加工特征建立加工信息模型。二是工艺决策过程，在此基础上通过人机交互进行优化。

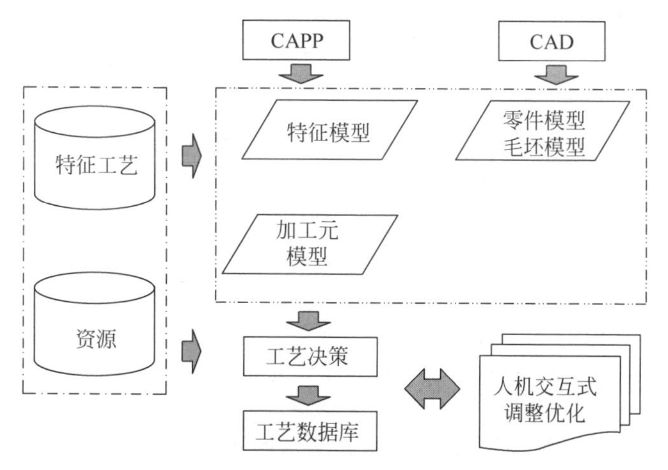

图3-12 基于三维零件模型的工艺路线设计过程

以加工特征作为工艺规划的对象单元，加工特征是零件模型中需要通过刀具加工形成的几何区域，并以此为载体附加工艺信息。基于三维零件模型的工艺信息模型由零件信息模型，特征信息模型，加工元信息模型组成。其中特征信息模型继承了零件信息，包含了加工元信息，是整个工艺信息的核心，因此首先通过零件和毛坯三维模型提取加工特征建立工艺信息模型，主要包括加工特征的识别和提取、加工特征编码、与加工特征对应的特征工艺库的建立。

工艺决策是基于从三维模型中提取的几何信息和非几何信息，应用工艺知识进行工艺规划的过程。由于工艺环境的动态性、工艺因素的复杂性、工艺知识的经验模糊性，仅从三维模型中获得模型零件信息并自动生成零件的加工工艺，采用单一的决策方法难以满足要求，所以需要多种决策方法的混合。进行具体的工艺决策时，先从设计模型中提取零件详细信息，根据这些信息从三维典型工艺库中检索出合适的典型工艺，在此基础上进行工艺决策。

3) 基于仿真的三维工艺验证与优化

实施三维数字化工艺设计不仅是用三维工艺规程取代传统的表格式工艺规

程，而且是要彻底改变落后的工艺设计模式，采用先进的工艺设计理念、方法和工具，最终达到大幅提升工艺设计能力的目的。为此，三维工艺验证和工艺参数优化工作是一个重要环节。传统的工艺设计过程主要依靠典型工艺、样板工艺、工艺手册等的复制修改，缺少先进的验证手段；机械加工一般都是依靠试切试装来确定工艺方案的合理性，周期长、成本高，一经确定很难改变。例如，工艺人员一般先复制相似产品的工艺方案，接着查工艺手册修改相关参数，然后申请试验件验证方案的可行性和合理性。传统的工艺设计方法严重限制了工艺人员的创新性，工艺人员主要工作只是文字编辑。

三维数字化工艺设计是一种以工艺过程的建模与仿真为核心的设计方法，通过建模与仿真技术来实现数字化的工艺验证及优化。三维工艺验证与优化涉及加工、铸造、装配等专业，加工过程建模和仿真一般包括切削加工过程和成型加工过程。切削加工过程的工艺验证与优化主要包括几何仿真优化和物理仿真优化。几何仿真优化包括刀位轨迹和运动过程干涉检测仿真，不考虑切削参数、切削力以及其他因素的影响，主要验证 NC 程序的正确性；物理仿真优化是对切削加工特性和加工精度进行预测的动态仿真，主要根据动态力学特性来预测刀具磨损、刀具振动和变形，并通过控制切削参数达到优化切削过程的目的。美国 NORTHROP 公司通过对钣金件成型的模拟，可预测回弹量、撕裂、起皱等缺陷，使废品率减少 95%，周期缩短 78%。

3.2.6 加工制造工艺仿真

在传统的制造工艺过程中，一般是通过大量试验来确定制造过程中的各类工艺参数。然而，大量的试验必将会增加成本、降低效率、浪费劳动力。基于有限元软件的工艺仿真，是通过数值分析的方法来模拟加工工艺过程。总体来说，有限元分析可以分成三个阶段，即前处理、模型的提交计算和后处理。前处理的目的是建立工艺仿真模型，完成单元网格的划分；后处理的目的在于查看加工工艺结果。使用有限元方法建立制造工艺模型，对该模型进行自适应有限元网格划分，选用恰当的材料本构模型，施加准确的边界条件后，对制造过程进行物理仿真，得到较为准确的力、热、应力、应变等过程参数值，为工艺选择、工具选择以及工艺参数优化等提供重要的理论指导。

加工制造工艺仿真的优势主要体现在以下几点：

(1) 通过对加工过程中力、温度等的预测，发现加工过程潜在的问题。

(2) 通过对比不同加工工艺的仿真结果，增强工艺方案的可靠性。

(3) 提高效率，缩短产品投向市场的时间。

(4) 模拟试验方案，减少试验次数，减少试验经费。

1. 常用制造工艺仿真软件

目前常用的制造工艺有限元仿真软件主要有 Ansys、Abaqus、Dynaform、

Simufact、Deform-3D、AdvantEdge 等，其中 Ansys、Abaqus 属于通用型仿真软件，Dynaform、Simufact、Deform-3D、AdvantEdge 属于专用型仿真软件，下文主要对几种专用型仿真软件进行介绍。

1）Dynaform

Dynaform 软件是美国 ETA 公司和 LSTC 公司联合开发的用于板料成形数值模拟的专用软件，是 LS-DYNA 求解器与 ETA/FEMB 前后处理器的完美结合，是当今流行的板料成形与模具设计的 CAE 工具之一，主要应用于冲压、压边、拉延、弯曲、回弹、多工步成形等典型钣金成形过程，以及液压成形、辊弯成形、模具设计、压机负载分析等领域。

Dynaform 软件的操作环境属于集成式操作环境，使用时无需数据转换，拥有完备的处理功能，可实现无文本编辑操作，且每个操作均在同一界面下进行。软件使用的求解器为业界著名的、功能最强的 LS-DYNA 处理器，利用其先进的动态非线性显式分析技术可以解决复杂的金属成形问题。

Dynaform 软件包含 BSE、DFE、Formability 三个大模块，几乎涵盖冲压模模面设计的所有要素，包括：最佳冲压方向与坯料的设计、工艺补充面的设计、拉延筋的设计、凸凹模圆角的设计、冲压速度的设置、压边力的设计、摩擦系数与切边线的求解、压力机吨位设置等。Dynaform 软件设置过程与实际生产过程一致，操作容易。可以对零构件冲压生产的全过程进行模拟：包括坯料在重力作用下的变形、压边圈闭合、拉延、切边回弹、回弹补偿、翻边、胀形、液压成形、弯管成形等。基于该模拟技术，可以及时发现生产过程中工艺的缺陷与不足，及时调整工艺，减少生产资源的浪费。Dynaform 仿真典型冲压应用如图 3-13 所示。

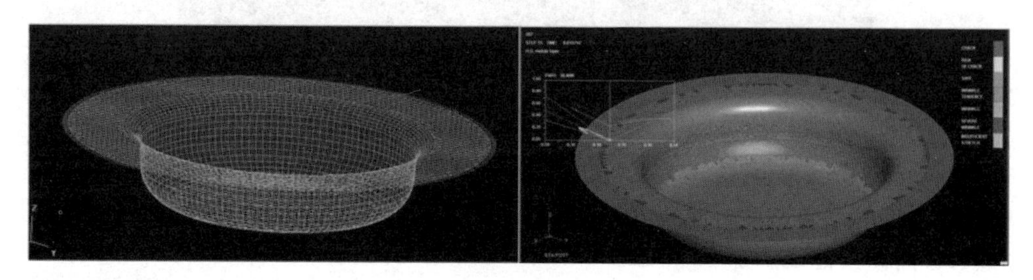

图 3-13　Dynaform 仿真典型冲压应用

2）Simufact

Simufact 软件是基于 MSC. Software 的 MSC. Maufacturing（原 MSC. superform 和 MSC. superforge）软件开发出来的先进的材料加工及热处理工艺仿真优化软件。Simufact 将 MSC. Marc 和 MSC. Dytran 求解器融合在一起，提供 FEM 和 FVM 两种求解方法，能够解决各种复杂的金属成形工艺问题，且具有极高的计算精度。Simufact 采用的固定在空间的有限体积 Eulerian 网格技术，是一个固定的参考框架，单元由节点连接构成，节点在空间上固定不动，非常适于精确模拟材料大变形问题，完全避免了用有限单元技术难于处理而又无法回避的三维网格的重划分问题。

Simufact 可以模拟金属成形工艺生产过程中可能出现的问题，包括金属成形工艺分析、微观组织分析、热处理分析以及结构分析。金属成形工艺分析包括自由锻、模锻、辊锻、旋压、墩挤、挤压、焊接、拉拔和轧制等体积成形工艺和冲压等板料成形工艺；微观组织分析包括塑性变形或热处理过程中材料的相变、动态再结晶、产生的微观组织变化等；热处理分析包括热-固耦合分析、热处理和热加工过程中的稳态/瞬态热传导、对流散热、热辐射、摩擦生热和热应力分析等；结构分析包括成形过程中材料的断裂，预应力模具受力分析，模具失效、磨损和寿命分析，成形和卸载后材料的回弹及残余应力分析等。Simufact 软件热锻仿真如图 3-14 所示。

图 3-14　Simufact 软件热锻仿真

3）Deform-3D

Deform-3D 是一套基于工艺模拟系统的有限元系统，专门用于分析各种金属成形过程中的三维流动。典型的 Deform-3D 应用包括锻造、挤压、镦头、轧制、自由锻、弯曲和其他成形加工手段。

Deform 软件可以进行成形分析与热处理分析。成形分析中，软件可以对冷、热锻的成形与热传导进行耦合分析，并提供材料流动、模具充填、成形载荷、模具应力、纤维流向、缺陷形成和韧性破裂等信息，Deform 成形工艺仿真如图 3-15 所示。热处理分析中，可以进行正火、退火、淬火、回火、渗透等工艺过程仿真，并能预测硬度、晶粒组织成分、扭曲和含碳量，Deform 热处理工艺仿真如图 3-16 所示。

4）AdvantEdge

AdvantEdge 是 Third Wave Systems 公司推出的金属切削有限元仿真软件，用于优化金属切削工艺。AdvantEdge 可以分析的工艺包括车削、铣削、钻孔、攻丝、镗孔、环槽、锯削、拉削等，对于进给在 10 nm 以上 1 μm 以下的微切削目前只支

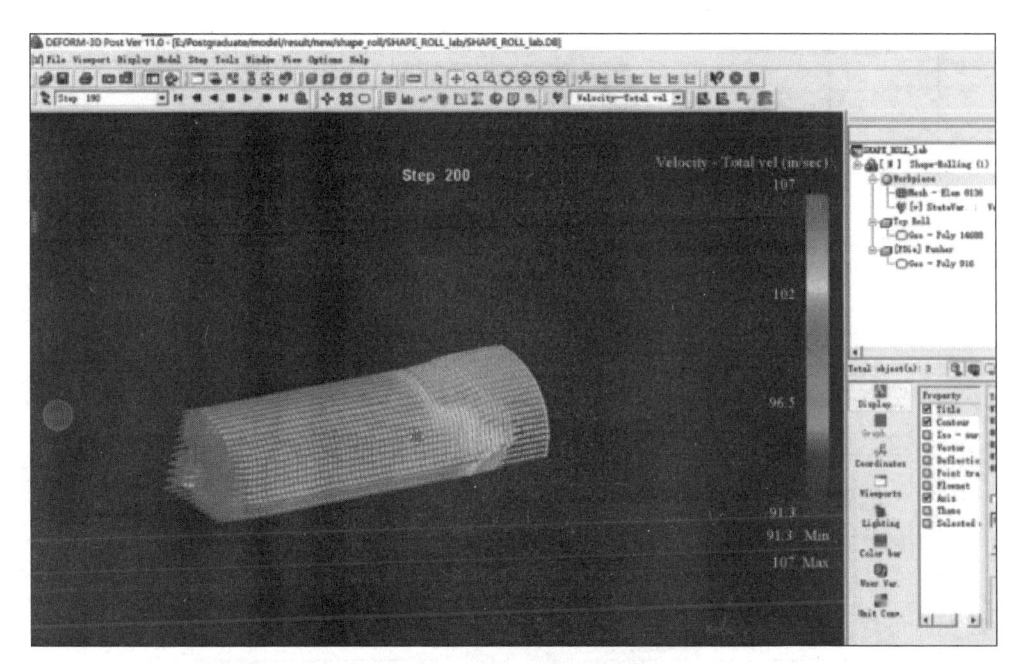

图 3-15　Deform 成形工艺仿真

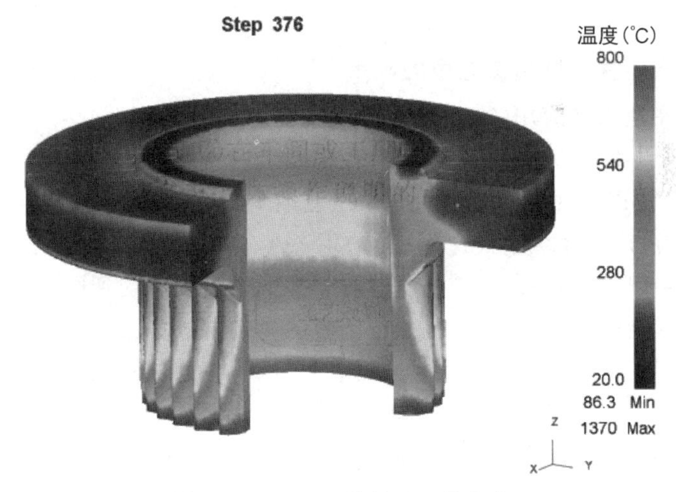

图 3-16　Deform 热处理工艺仿真

持 2D 车削仿真。软件材料库有 130 多种工件材料(铝合金、不锈钢、钢、镍合金、钛合金及铸铁等),刀具材料库有 Carbide 系列、立方碳化硼、金刚石、陶瓷及高速刚系列;涂层材料有 TiN、TiC、Al_2O_3、TiAlN 等;支持用户自定义材料及自定义本构方程;可以仿真切削力、温度、应力、应变率、残余应力与刀具磨损等,刀具磨损仿真如图 3-17 所示。

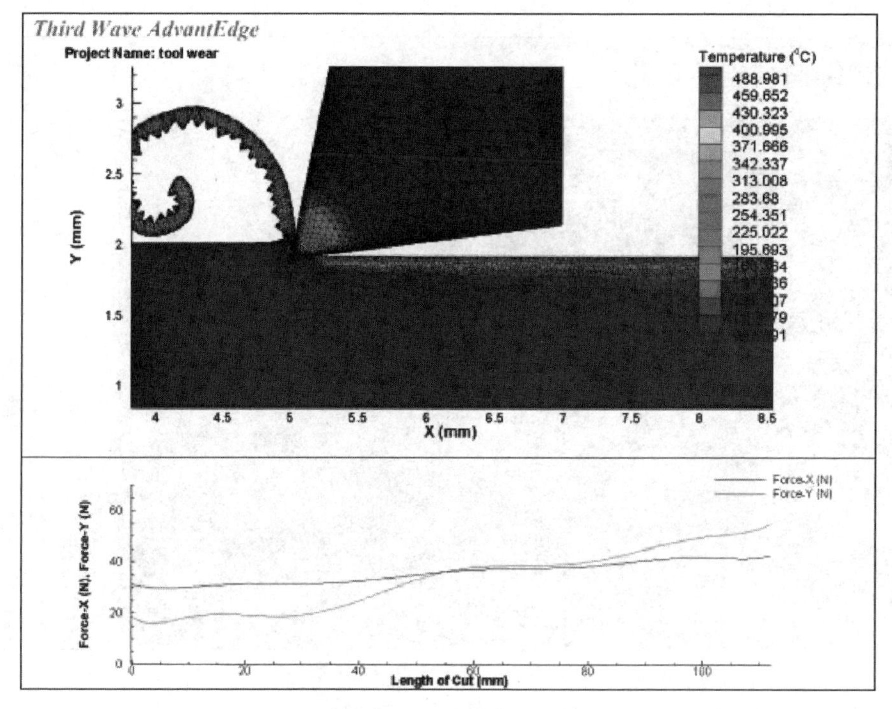

图 3-17 刀具磨损仿真

2. 有限元仿真在制造工艺中的应用

1）成形制造仿真应用

成形制造仿真可以对零件生产的全过程（如板料成形、模具设计、铸造、焊接等）进行模拟，可以及时发现生产过程中工艺的缺陷与不足，从而提高成形质量。

（1）冲压成形仿真。冲压成形主要应用于汽车制造领域，如对发动机罩、车门等复杂薄壁板件冲压成形进行模拟仿真。材料在成形过程中受到影响的因素很多，比如受到材料、几何形状、接触的非线性等因素的影响，在加工过程中很难对材料的流动进行精确控制。因此，在材料成形过程中由于诸多的影响造成了零件的表面质量、力学性能以及几何精度等一系列缺陷。在冲压成形过程中，主要的成形缺陷有：起皱、拉裂和回弹。运用有限元软件对冲压过程进行仿真，可以对坯料在重力作用下的变形、压边圈闭合、拉延、切边回弹、回弹补偿、翻边、胀形、液压成形、弯管等过程进行模拟，从而有效预测成形缺陷，并通过改变冲压方向、凸凹模圆角设计、冲压速度、压边力、压力机吨位等进行工艺优化，不同压边力条件下车门的成形极限如图 3-18 所

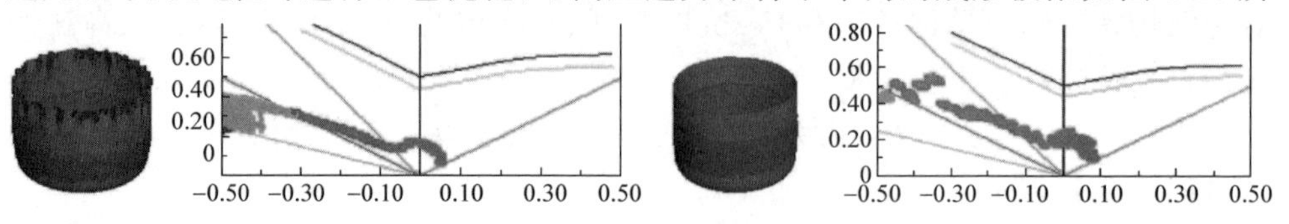

图 3-18 不同压边力条件下车门的成形极限

示,工序回弹模拟分析如图 3-19 所示。通过仿真极大地缩短了工程师的设计时间,而且预测的准确度也比较高。

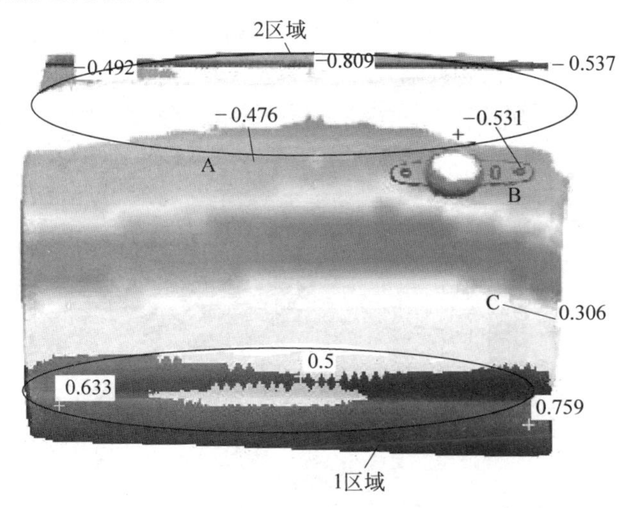

图 3-19　工序回弹模拟分析

(2) 铸造成形工艺仿真。对铸件形成过程进行计算机模拟,能够得到形象准确的可视化效果。通过计算机显示铸造过程温度、充型速度、压力和凝固时间变化,并对可能产生的缺陷提出预报,如图 3-20 所示为浇注系统充型过程速度场示意图。

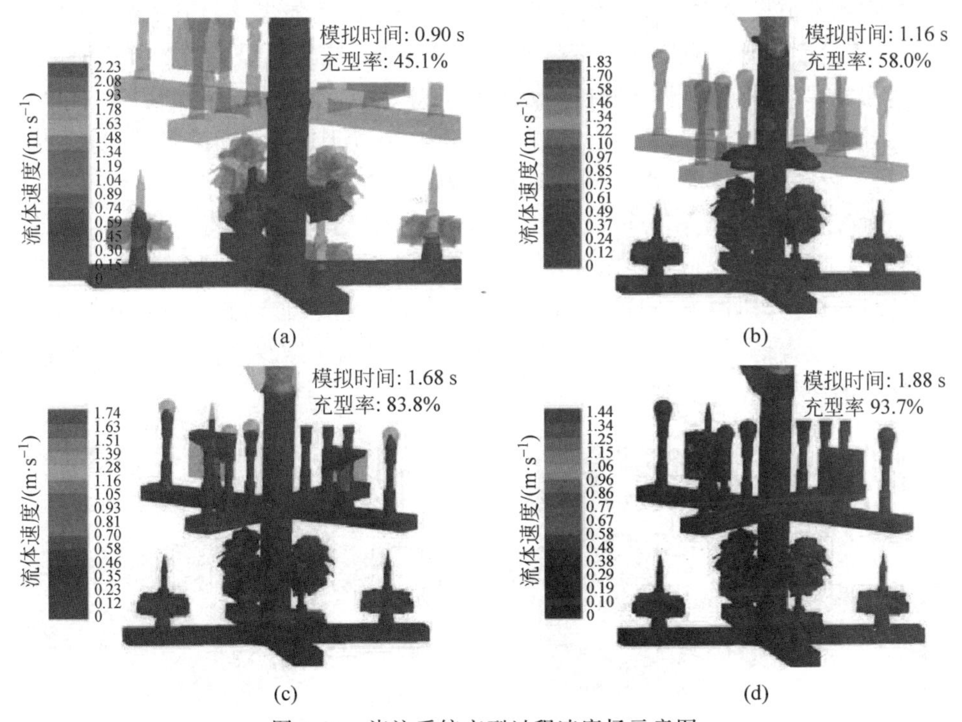

图 3-20　浇注系统充型过程速度场示意图

(a) 充型率 45.1%;(b) 充型率 58.0%;(c) 充型率 83.8%;(d) 充型率 93.7%

通过对铸件充型和凝固过程的模拟,可以形象准确地显示在给定浇冒口系统下物理场的变化情况,夹渣和其他非金属夹杂物可以引入金属液流中并模拟其运动轨迹。通过优化浇冒口系统和出气系统可以避免由于紊流情况引起的氧化物夹杂、冷隔、缩松、缩孔和气孔等缺陷。图 3-21 所示为缩孔缺陷预测效果图,该图是通过模拟软件中的热分析缩孔缺陷模块,对缩孔发生位置和面积大小进行预测的结果。

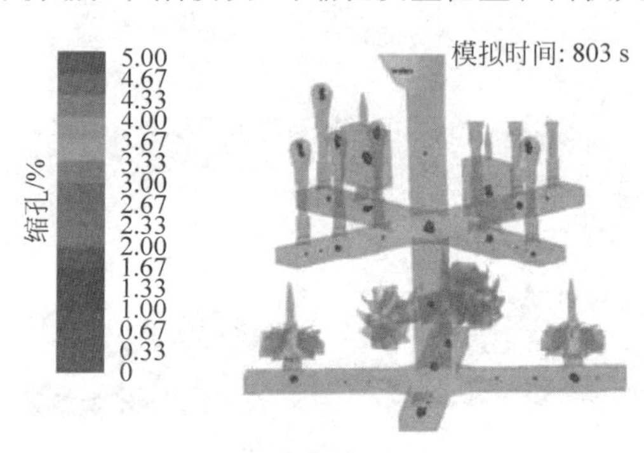

图 3-21 缩孔缺陷预测效果图

(3) 焊接成形工艺仿真。焊接工艺的仿真,主要是针对焊接温度场、残余应力、变形等方面,旨在改善焊接部件的制造质量,提高产品服役性能,优化焊接顺序等工艺过程。传统焊接质量的好坏非常依赖焊接工人的经验,而焊接数值模拟技术就是利用数值模拟方法找到优化的焊接工艺参数,例如焊接材料、温控条件、夹具条件、焊接顺序等。有限元仿真软件具有材料的固体塑性焊接工艺分析能力,可实现对摩擦焊(搅拌摩擦焊、惯性摩擦焊、压力焊、旋转摩擦焊等)、电阻焊(点焊、缝焊、对焊、凸焊等)的模拟,通过计算焊缝温度场、应力应变、扭曲变形、焊缝形状等焊接数据,评估焊接性能,优化焊接工艺参数。

通过焊接温度场的模拟可以判断固相和液相的分界,能够得出焊接熔池的形状,焊接温度及应力分布图如图 3-22 所示。焊接温度场准确模拟的关键在于提供准确的材料属性,热源模型与实际热源的拟合程度,热源移动路径的准确定义,边界条件是否设置恰当等。焊接成形工艺仿真主要是为了减少残余应力,控制变形,防止缺陷的产生。

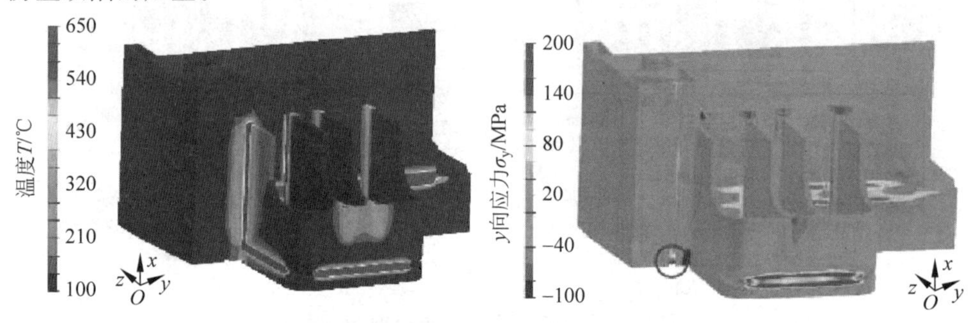

图 3-22 焊接温度及应力分布图

2）机械加工过程仿真应用

有限元仿真技术在机械加工领域有着广泛的应用，利用有限元软件来模拟切削加工过程成为一种重要的辅助方法，对实际生产加工有预测及指导作用。

三维切削仿真

（1）切屑形成。金属的切削过程与切屑的形成机理是紧密联系在一起的。根据切屑形貌特征，一般将切屑分为四种类型。通过对切屑形成机理的研究，有助于优化切削参数，减小刀具磨损和保证加工质量，同时降低加工成本。在金属切削过程中，由于锯齿状切屑会对切削力、刀屑接触区温度场、加工表面质量以及切削系统动态行为造成影响。因此，研究人员将更多的精力集中在对锯齿状切屑的形成机理以及锯齿状切屑对切削过程的影响研究等方面，特别是针对钛合金、镍基合金、铝合金以及淬硬钢等应用广泛的金属材料。切屑形态仿真实例如图3-23所示。

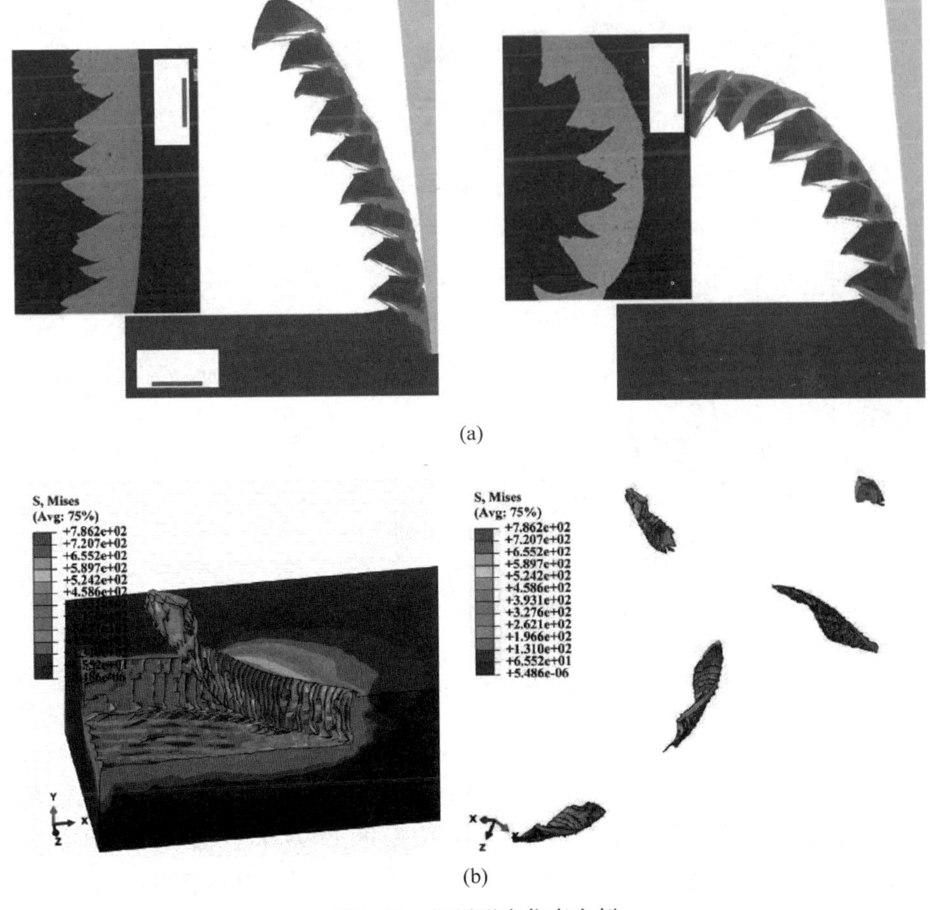

图3-23 切屑形态仿真实例

（a）锯齿状切屑仿真与试验结果对比；（b）7050铝合金铣削切屑仿真

(2) 切削温度与切削力。有限元法作为一种有效的分析工具,被广泛应用于切削温度和切削力的预测。进行切削速度、进给量、切削深度等切削参数对切削温度、切削力影响的相关仿真研究,有助于后期工艺参数的选择,对工艺参数优化具有重要的指导意义。切削温度、切削力仿真实例如图 3-24 所示。

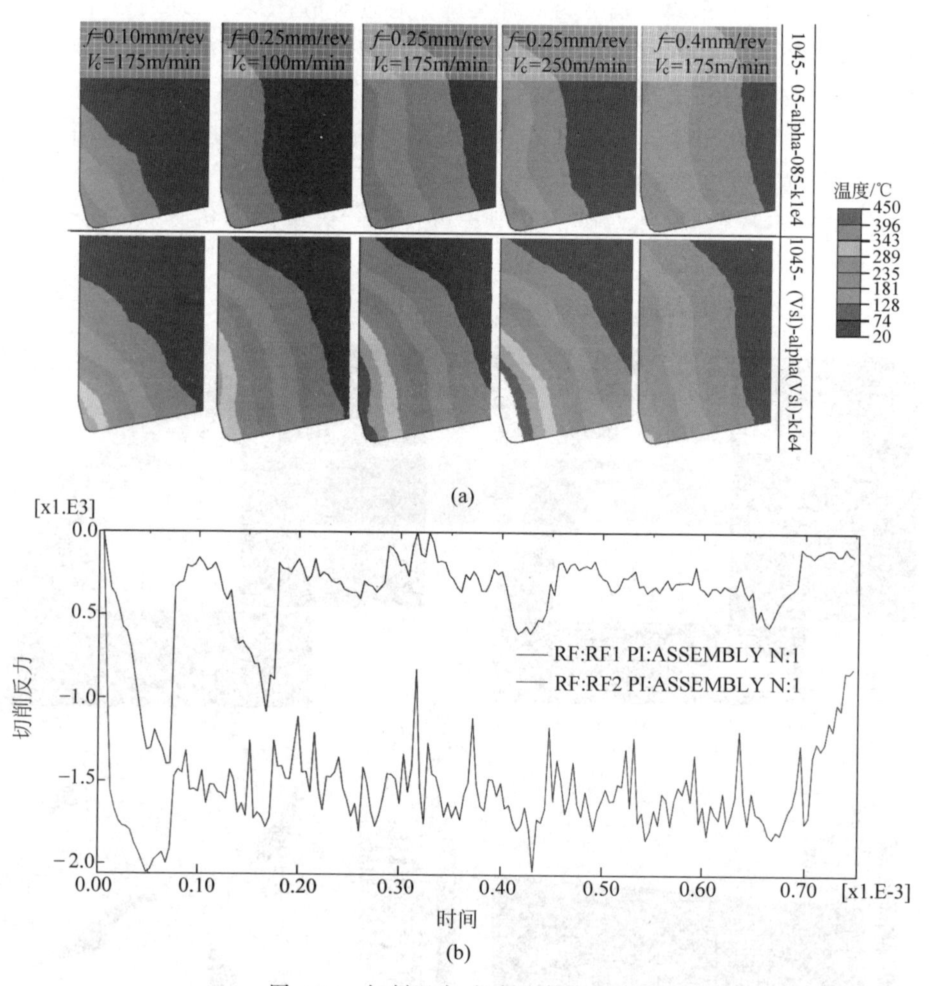

图 3-24　切削温度、切削力仿真实例

(a) 热分配系数对刀具温度场分布的影响;(b) 切削反力变化曲线

(3) 刀具磨损。在切削过程中,刀具磨损无法避免,而刀具的磨损又是造成工件表面质量下降的重要因素之一。因此预测刀具磨损,对于实现刀具切削性能最大化和生产成本最小化而言,是一项非常重要的任务。利用刀具磨损仿真,可以有效地对发生在初始切削阶段的磨粒磨损和稳定切削阶段的扩散磨损进行预测,试验与仿真刀片磨损速率比较如图 3-25 所示。

(4) 残余应力。加工工件内残余应力的存在会对裂纹的萌生、增殖以及零件

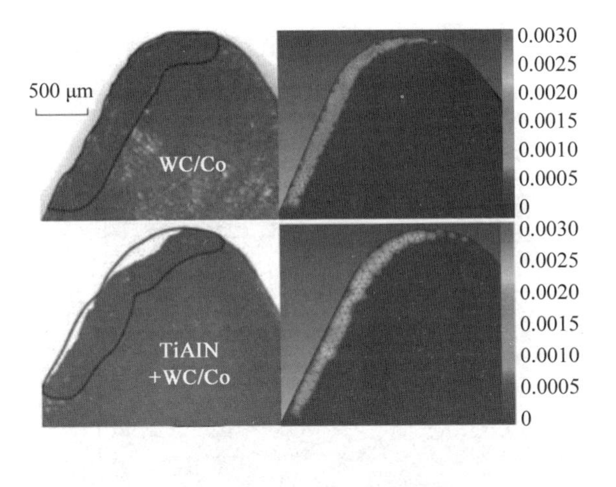

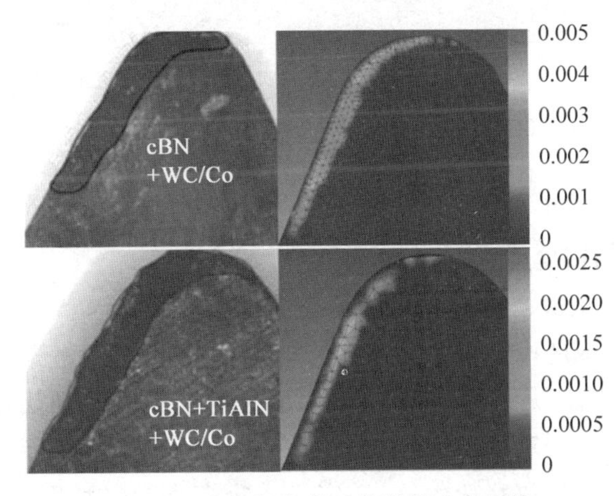

图 3-25　试验与仿真刀片磨损速率比较

的最终失效造成潜在威胁。由于对残余应力的试验测量及模型仿真较为困难，所以造成研究结果之间也存在差异性。有些学者报道表面残余应力是拉应力，而有些学者认为是残余压应力。对于加工表层拉应力的产生，普遍认为是产生的切削热引起热膨胀；而对于压应力的产生，主要是因为机械载荷造成的塑性变形。残余应力的产生与切削过程中材料的塑性变形和温度场是紧密联系的，由切削开始到结束的整个过程，刀具的磨损直接影响到切削表层的塑性变形程度和温度梯度分度，进而影响到残余应力的分布规律，甚至关系到产生的是拉应力还是压应力。因此，如何模拟刀具磨损过程中残余应力场的分布，对预测最终零件的疲劳寿命具有重要意义。具体实例如图 3-26 所示。

三维铣削仿真

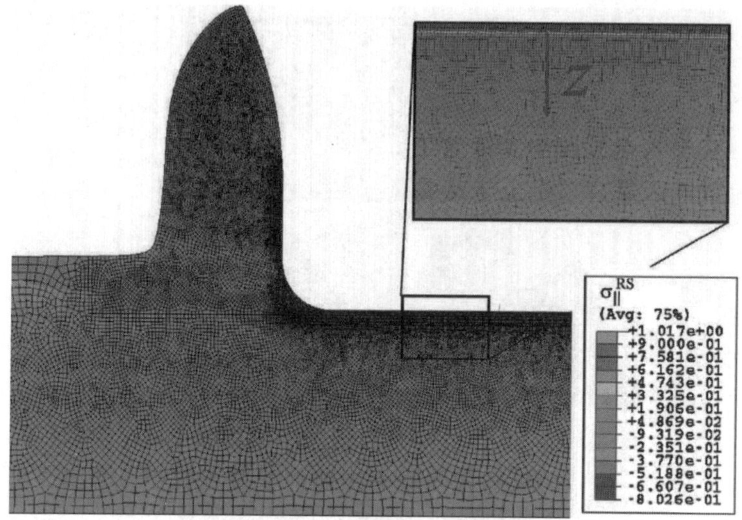

图 3-26 沿切削方向刀刃半径对残余应力深度的影响

3.2.7 基于数字孪生的工艺设计

1. 数字孪生的概念

数字孪生的概念最初由迈克尔·格里弗斯(Michael W. Grieves)教授于 2003 年在美国密歇根大学的产品全生命周期管理课程上提出，并被定义为三维模型，包括实体产品、虚拟产品以及二者间的连接。但由于当时技术和认知上的局限，数字孪生的概念并没有得到重视，直到 2011 年，美国空军研究实验室和 NASA 合作提出了构建未来飞行器的数字孪生体，并定义数字孪生为一种面向飞行器或系统的高度集成的多物理场、多尺度、多概率的仿真模型，能够利用物理模型、传感器数据和历史数据等反映与该模型对应的实体的功能、实时状态及演变趋势等，随后数字孪生才真正引起关注。

数字孪生是一种集成多物理、多尺度、多学科属性，具有实时同步、忠实映射、高保真度特性，能够实现物理世界与数字世界交互与融合的技术手段，图 3-27 所示为数字孪生交互示意图。把真实物理世界的参数信息用数字化的方式构建出虚拟模型，用数据模型模拟物理实体在现实环境的行为，通过虚实交互反馈、数据融合分析、决策迭代优化等手段，为物理实体增加或扩展新的能力。作为一种充分利用模型、数据、智能并集成多学科的技术，数字孪生面向产品全生命周期过程，发挥连接物理世界和数字世界的桥梁和纽带作用，提供更加实时、高效、智能的服务。

数字孪生的核心是模型和数据，为进一步推动数字孪生理论与技术的研究，促进数字孪生理念在产品全生命周期中落地应用，北京航空航天大学陶飞教授团队

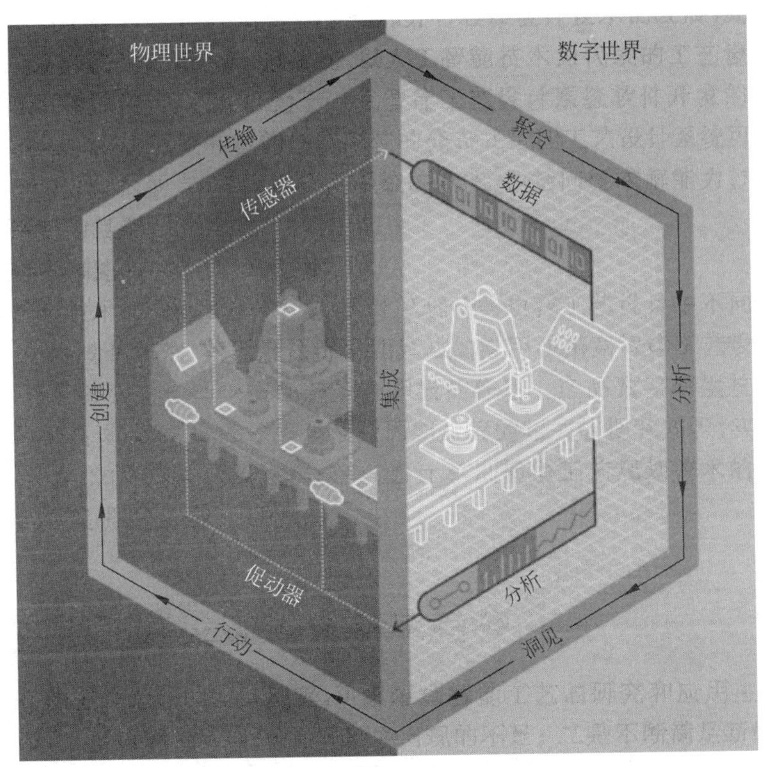

图 3-27 数字孪生交互示意图

在三维模型基础上提出了如图 3-28 所示的数字孪生五维概念模型。

(1) 物理实体是客观存在的，它通常由各种功能子系统(如控制子系统、动力子系统、执行子系统等)组成，并通过子系统间的协作完成特定任务。各种传感器部署在物理实体上，实时监测其环境数据和运行状态。

(2) 虚拟模型是物理实体忠实的数字化镜像，集成与融合了几何、物理、行为及规则四层模型。其中：几何模型描述尺寸、形状、装配关系等几何参数；物理模型分析应力、疲劳、变形等物理属性；行为模型响应外界驱动及扰动作用；规则模型对物理实体运行的规律/规则建模，使模型具备评估、优化、预测、评测等功能。

(3) 服务系统集成了评估、控制、优化等各类信息系统，基于物理实体和虚拟模型提供智能运行、精准管控与可靠运维服务。

(4) 孪生数据包括物理实体、虚拟模型、服务系统的相关数据，领域知识及其融合数据，并随着实时数据的产生被不断更新与优化。孪生数据是数字孪生运行的核心驱动。

(5) 将以上四个部分进行两两连接，使其进行有效实时的数据传输，从而实现实时交互以保证各部分间的一致性与迭代优化。

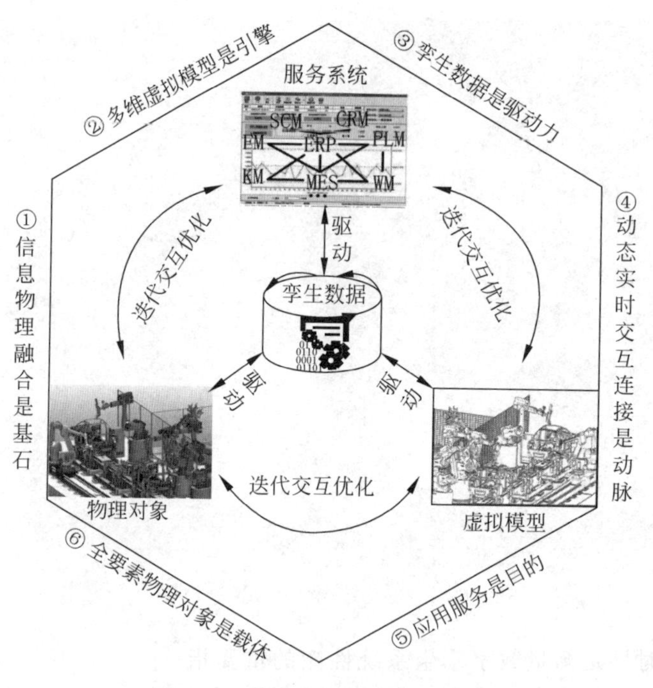

图 3-28 数字孪生五维概念模型

2. 数字孪生的关键技术

数字孪生的实现主要依赖于以下几方面技术的支撑：多领域多尺度融合建模、数据驱动与物理模型的融合状态评估、数据采集与传输、全寿命周期数据管理、VR 呈现、高性能计算。

(1) 多领域多尺度融合建模：多领域建模是指在正常和非正常工况下从不同领域视角对物理系统进行跨领域融合建模，且从最初的概念设计阶段开始实施，从深层次的机理层面进行融合设计理解和建模。

(2) 融合模型的状态评估：对于机理结构复杂的数字孪生目标系统，往往难以建立精确可靠的系统级物理模型，而采用单因素系统的解析物理模型对其进行状态评估又不能获得最佳的评估效果。采用数据驱动的方法，利用系统的历史和实时运行数据，对物理模型进行更新、修正、连接和补充，充分融合系统机理特性和运行数据特性，能够更好地结合系统的实时运行状态，获得动态实时跟随目标系统状态的评估效果。

(3) 数据采集与传输：高精度传感器数据的采集和快速传输是整个数字孪生系统的基础。为复现实体目标系统的运行状态，温度、压力、振动等各个类型的传感器性能都要最优，传感器的分布和传感器网络的构建要以快速、安全、准确为原则，通过分布式传感器采集系统的各类物理量信息以表征系统状态。

(4) 全寿命周期数据管理：复杂系统的全寿命周期数据存储和管理是数字孪生系统的重要支撑，采用云服务器对系统的海量运行数据进行分布式管理，实现数据的高速读取和安全冗余备份，为数据智能解析算法提供充分可靠的数据来源，对维持整个数字孪生系统的运行起着重要作用。通过存储系统的全寿命周期数据，可以为数据分析和展示提供更充分的信息，使系统具备历史状态回放、结构健康退化分析以及任意历史时刻的智能解析功能。

(5) VR 呈现：VR 技术可以将系统的制造、运行、维修状态以超现实的形式给出，对复杂系统的各关键子系统进行多领域、多尺度的状态监测和评估，将智能监测和分析结果附加到系统的各个子系统、部件，在完美复现实体系统的同时将数字分析结果以虚拟映射的方式叠加到所创造的孪生系统中，从视觉、声觉、触觉等各个方面提供沉浸式的虚拟现实体验，实现实时连续的人机互动。VR 技术能够使使用者通过孪生系统迅速地了解和学习目标系统的原理、构造、特性、变化趋势、健康状态等各种信息，并能启发其改进目标系统的设计和制造，为优化和创新提供灵感。

(6) 高性能计算：数字孪生系统复杂功能的实现很大程度上依赖于其背后的计算平台，实时性是衡量数字孪生系统性能的重要指标，因此，基于分布式计算的云服务器平台是其重要保障，同时优化数据结构、算法结构等以提高系统的任务执行速度同样是保障系统实时性的重要手段。如何综合考量系统搭载的计算平台的计算性能、数据传输网络的时间延迟以及云计算平台的计算能力，设计最优的系统计算架构，满足系统的实时性分析和计算要求，是计算平台应用于数字孪生的重要内容。平台数字计算能力的高低直接决定系统的整体性能，作为整个系统的计算基础，其重要性毋庸置疑。

(7) 其他关键技术：人工智能的热潮推动着数字孪生技术的发展，智能制造和工业智能的快速发展催动数字孪生技术的演进和成熟，考虑商用大数据和工业大数据的本质差异，诸如异常状态或故障状态仿真与注入、工业数据可用性量化分析、小样本或无样本的增强深度学习等，均是当前在数据生成、数据分析与建模等方面的研究热点或挑战。

3. 工艺设计中的数字孪生技术

数字孪生技术可以应用在工艺设计中产品的设计研发、生产制造、运行状态监测和维护、后勤保障等各个阶段。在产品设计阶段，数字孪生技术可以将全寿命周期的产品健康管理数据的分析结果反馈给产品设计专家，帮助其判断和决策不同参数设计情况下的产品性能情况，使产品在设计阶段就综合考虑了后续整个寿命周期的发展变化情况，获得更加完善的设计方案。在产品生产制造阶段，数字孪生技术可以通过虚拟映射的方式将产品内部不可测的状态变量进行虚拟构建，细致地刻画产品的制造过程，解决产品制造过程中存在的问题，降低产品制造的难度，提高产品生产的可靠性。

在产品运行过程中，数字孪生技术通过高精度传感器的采集和传输产品的各个运行参数和指标，使用高性能计算对融合模型进行监测和评估，对系统的早期故障和部件性能退化信息进行详细反馈，指导产品维护工作和故障预防工作，从而使产品能够获得更长的寿命周期。在后勤保障过程中，由于有多批次全寿命周期的数据作支撑，并通过虚拟传感的方式能够采集到反映系统内部状态的变量数据，产品故障能够被精确定位分析和诊断，使产品的后勤保障工作更加简单有效。通过将数字孪生技术应用到产品生产的整个生命周期，使得产品从设计阶段到最后的维修阶段都将变得更加智能有效。

4. 基于数字孪生的工艺设计体系框架

工艺规程是产品制造工艺过程和操作方法的技术文件，是一切有关生产人员都应严格执行、认真贯彻的纪律性文件，是进行产品生产准备、生产调度、工人操作和质量检验的依据。数字孪生驱动的工艺规划是指通过建立超高拟实度的产品、资源和工艺流程等虚拟仿真模型，以及全要素、全流程的虚实映射和交互融合，真正实现面向生产现场的工艺设计与持续优化。在数字孪生驱动的工艺设计模式下，虚拟空间的仿真模型与物理空间的实体相互映射，形成虚实共生的迭代协同优化机制。数字孪生驱动的工艺设计模式如图 3-29 所示。

建立虚拟空间的数字孪生模型，需要结合规范化需求、概念模型及其架构，来进行模型的规范化设计。在规范化设计完成之后，就可以用类似 Arena、Simio 等仿真软件，或者 C、C++、Java 或 Python 等编程语言来开发可执行的仿真子模型。当把所有子模型实现并集成起来后，就形成了完整的数字孪生模型。在虚拟空间建立产品结构、工艺结构、资源结构的树形结构层次，构建面向过程的虚拟空间。考虑现场工艺执行情况，在虚拟空间进行待加工产品的加工工艺规划。完成详细的工艺内容设计，进行加工工艺仿真。首先对仿真需求进行分析，确定模型构建的基本要求。接着，通过概念建模、架构设计、模型设计、模型实现和集成共 5 个步骤完成模型的构建。在构建过程中需要不断反向迭代，看是否每一步都满足前置需求。基础模型构建完毕后生成仿真结果，与现实系统比对，并根据采集到的实时数据进行同步更新。当系统发生重大变革或模型被重用时，数字孪生将演化生成新版本的模型。所有生成的模型、过程模型与格式化的需求都会存入模型库/云池等待被重用。

数字孪生驱动的工艺设计模式使工艺设计与优化呈现出以下新的转变：①在基于仿真的工艺设计方面，真正意义上实现了面向生产现场的工艺过程建模与仿真，以及可预测的工艺设计；②在基于知识的工艺设计方面，实现了基于大数据分析的工艺知识建模、决策与优化；③在工艺问题主动响应方面，由原先的被动工艺问题响应向主动应对转变，实现了工艺问题的自主决策。

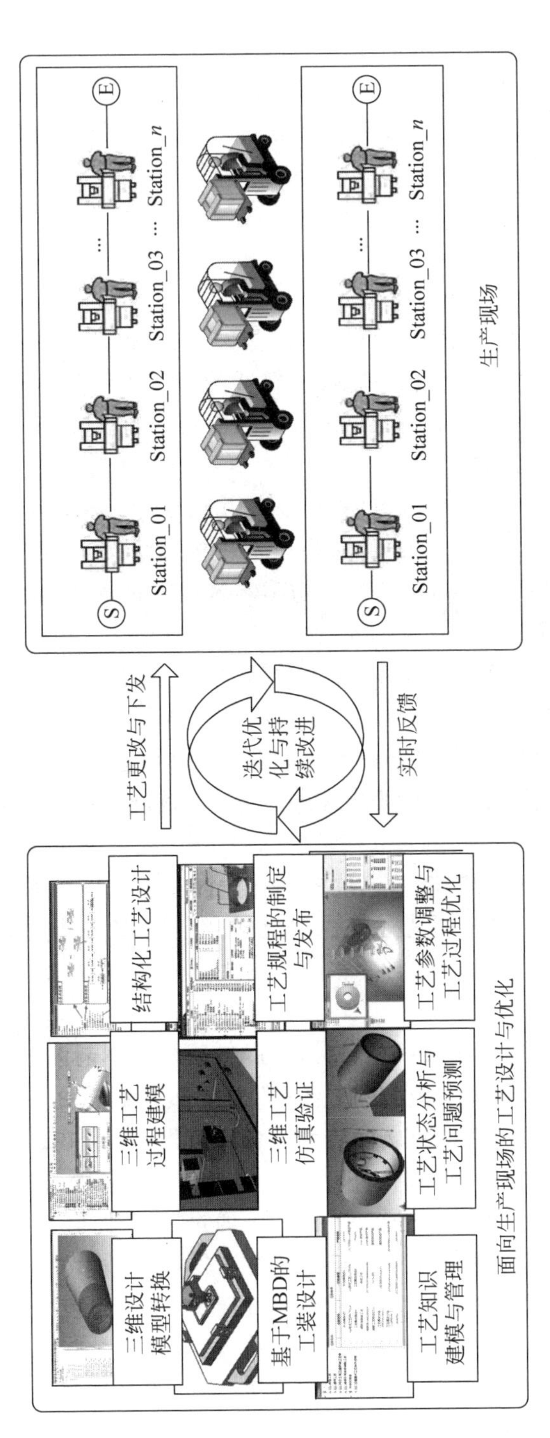

图 3-29　数字孪生驱动的工艺设计模式

5. 基于数字孪生的工艺设计应用

中国航空发动机研究院朱宁等人探索的数字孪生在航空发动机制造工艺中的应用如图 3-30 所示。推动了航空发动机先进制造技术与新一代信息技术融合应用,提升了航空发动机数字化、智能化制造整体水平,有利于突破我国航空发动机制造技术体系面临的瓶颈,显著提高制造技术成熟度,增强核心能力,是实现航空发动机高质量发展的重要支撑,也是推动航空发动机制造业转型升级和跨越发展的关键环节。

1) 制造工艺过程(物理实体)

制造工艺过程是数字孪生模型的构成基础,主要包括制造工艺过程涉及的设备、原材料、辅助工装夹具等子系统以及部署的传感器。各个子系统实现不同功能,共同支持物理实体即整个制造工艺过程的监测、控制与优化过程。

2) 制造过程模型(虚拟实体)

制造过程模型包括制造工艺过程涉及的几何模型、物理模型、行为模型、规则模型等,是在功能与结构上的集成,这些模型从多时间尺度、多空间尺度对制造工艺过程进行描述,形成与制造工艺过程物理实体对应的完整映射。

3) 应用系统(服务)

对数字孪生应用过程中所需的各类数据、模型、算法、仿真、结果进行封装,以工具组件、中间件、模块引擎等形式支撑数字孪生内部功能运行与实现,并以应用系统(或平台)等形式满足不同用户的不同业务需求,包括物理实体全生命周期各个阶段的优化,以及虚拟模型的测试、校正,使其准确映射物理实体。

4) 制造过程孪生数据

制造过程孪生数据受制造工艺过程、制造过程模型、应用系统运行的驱动,主要包括制造工艺过程数据、制造过程模型数据、应用系统数据、知识数据及融合衍生数据等。

5) 连接

通过连接实现数字孪生各组成部分的互联互通,使制造工艺过程、制造过程模型、应用系统在运行中保持交互、一致与同步;连接使制造工艺过程、制造过程模型、应用系统产生的数据实时存入孪生数据,并使孪生数据能驱动三者的运行。以制造工艺过程与孪生数据之间的连接为例,可利用各种传感器、嵌入式系统、数据采集卡等对制造工艺过程数据进行实时采集,通过控制过程的“对象链接和嵌入—统一架构”(OPC-UA)等协议规范传输至孪生数据,经过处理后的数据或指令也可通过 OPC-UA 等协议规范传输反馈给制造工艺过程并实现其运行优化。制造工艺过程的数字孪生应用模型如图 3-30 所示。

新型航空发动机整体叶盘(上述的物理实体)设计中的薄壁和高扭曲叶片需要极其稳定的铣削工艺和高度复杂的工艺设计与规划,来避免在铣削过程中叶片振动而产生不可接受的表面缺陷,这使切削加工成为整体叶盘制造中关键的工艺流

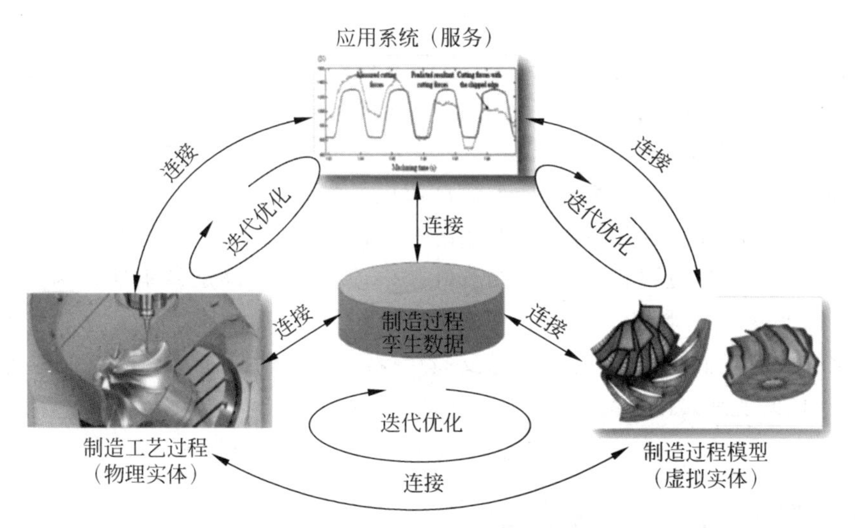

图 3-30　制造工艺过程的数字孪生应用模型

程之一。由于切削加工过程变化瞬息万变，实时高质量监测难度极大，这意味着在切削完成之前无法预测最终结果。目前整体叶盘的铣削过程可以持续一整天甚至能够达到 100 h 或更长时间，并且返工率通常可高达 25%以上，工时成本大。而且，未来的整体叶盘设计仍在不断向轻量化和更复杂的结构方向发展，甚至很快将超出目前制造工艺和设备的能力范围。因此，通过数字孪生的优点，建立数字孪生模型实现整体叶盘的高性能制造具有重要意义。

1）现场多源数据收集和处理

整体叶盘切削加工过程处于高度非线性状态，存在热变形、弹性变形、残余应力以及系统振动等多种复杂的物理现象，获得现场多源数据、实现高质量监测的难度很大。5G 技术的主要优势是可以提供非常低、稳定和可预测的延迟，并通过提供这种低延迟功能来实现控制闭环，从而满足实时控制需要在 1 ms 内完成处理传感器信息的要求。通过微型传感器和 5G 通信模块可以实现无线数据采集和数据传输，以及更严格控制的监控功能。将通过 5G 的传感器放置在试件或工具上，实现当前故障的实时检测，并将错误率降低至 15%。为了监控铣削过程，试件配备了一个无线智能传感器，可以检测当前的过程稳定状态，该智能传感器直接连接到试件表面的微型加速度传感器捕获整个铣削过程的试件振动。传感器系统将频率范围高达 10 kHz 的振动信号传输到机器外部的接收器系统，以进行后续数据分析和过程稳定性确定。

2）数字孪生模型构建

传统工艺设计基于试错法，它低效、耗时并依赖于人的经验，使得该阶段的成本和时间不可预测。为了解决上述问题，基于从高精度智能传感器和机器控制系统收集的实时数据，针对整体叶盘加工过程和物理设备从多时空尺度建立模型，实施多物理场和多尺度的模拟仿真分析，形成人-机知识融合，具备实时的判断、评估、优化及预测能力，从而形成整体叶盘制造过程的数字孪生模型，实现虚实双向连接与交互等。加工过程调控与自主进化开展实时监控，防止缺陷零件进一步加工，并定位和描述缺陷以及启动返工；进一步对加工过程实时控制，调整优化加工工艺，例如改变铣刀旋转速度等，实施自适应柔性加工。以叶片振动状态的自诊断、自决策、自进化过程为例，从控制系统连续提取刀头坐标数据、传感器数据并与工件表面上的工作位置相互关联，结合叶片的模拟数据，确定精确地控制策略；以传感器数据、机床控制的刀具位置和模拟数据作为输入，计算基于实际工况及其动态变化的最佳主轴速度，并将此信息反馈给控制系统最终形成闭环，有效避免由于过大振动(甚至是共振)导致加工中断和试件报废。

3.3 智能工艺系统的软件实现

3.3.1 软件设计的整体思路

智能工艺系统的目标是智能提供工艺设计方案，进而提高工艺设计质量和工艺设计效率。以数字化方式创建设计过程的虚拟实体，利用智能传感、云计算、大数据处理及物联网等技术来实现历史及实时工艺设计数据与知识的感知，借助于计算机软、硬件技术和支撑环境，通过数值计算、逻辑判断、仿真和推理等的功能来模拟、验证、预测、决策、控制设计过程，从而形成从毛坯到成品整个设计过程“数据感知—实时分析—智能决策—精准执行”的闭环，最终实现工艺设计的智能化、实时化、显性化、流程化、模块化和闭环化。在系统运行过程中，应要求在每一个工艺参数的选定上，与其相关的知识信息的获取都尽可能多，从而实现最优化。但是，各工艺参数之间是彼此相互联系与相互影响的，各个工艺参数的局部最优化并不能够确保其所构成的工艺方案的全局最优化。因此，智能工艺系统的设计必须涵盖整个工艺过程，全面考虑与设计过程相关的每个环节，从宏观上构建具备丰富功能的智能工艺设计系统框架。

智能工艺系统开发的第一个环节是构建人性化的用户输入界面，实现系统的数据输入和输出显示。对零部件进行数控加工时，首先需要知道待加工工件的相关基本信息，如工件类型、加工精度要求及工件材料的类别、牌号、硬度、热处理方式等，然后才能针对该工件制订相应的加工工艺方案，如采用何种机床、刀具，使用何种切削液及切削参数等。该环节用来对待解决的工艺问题做规范化的定义，操作人员可以通过其输入必须的原始基本工艺要素信息，如待加工零部件的基本几何要素、基本物理特性、材质种类、加工质量要求等信息。获取知识和表达知识的最终目的还是为了运用工艺知识来解决工艺设计中的各种问题，一个工艺问题能否有合适的表达方式往往成为知识处理成败的关键。系统将操作人员输入的这些基本原始要素信息加工后，规范成一个标准工艺问题定义文件，供系统后续运行调用。系统输入不仅支持数字信息，同时也支持离散的文字信息。

智能工艺系统开发的第二个环节是建立高效、稳定的工艺数据库，这是系统能否正常运行的基础。零部件加工过程中涉及的数据信息是非常庞杂的，在建立机械加工工艺数据库之前，需对这些数据进行筛选分类，从中甄选出对加工过程有用的信息，并采用正确的方式来加以表达。在保证有效信息得到完整涵盖的同时，还要使其表达及处理简单明了，易于实现。换言之，在尽可能摒弃冗余数据信息的前提下，要扩充工艺数据库的数据信息量，实现具备强大功能数据库的高速运行。

智能工艺系统开发的第三个环节是设计多推理机制和优化机制的工艺智能推理与优化模块，包含工艺决策、工艺优化、工艺设计、工艺仿真等子功能模块。为了确保面对复杂的零部件加工工艺问题时，系统仍然能够顺利生成准确、完整的工艺方案并提交给用户，需要设计基于多推理机制的工艺方案生成模型，并允许操作人员参与工艺方案推理的过程。系统开发时采用协调控制器来管理各推理机制的启用次序和协调相互之间的关系。尽管具有多种推理机制的工艺方案混合生成模型具有一定的复杂性，但系统的推理能力更强，推理方式更为灵活。

智能工艺系统开发的第四个环节是基于数字孪生的工艺实时设计系统。通过把真实物理世界的参数信息用数字化的方式构建出虚拟模型，用虚拟模型模拟物理实体在现实环境的行为，通过虚实交互反馈、数据融合分析、决策迭代优化等手段，为物理实体增加或扩展新的能力。虚拟模型可以实时反馈加工过程中的问题，通过自主诊断，自主决策，自主优化，在基于实际工况的前提下进行加工参数的更改，以减少零件缺陷，提高加工质量。

3.3.2 系统框架及主要模块

1. 系统框架

根据上述系统设计的整体思路，可将智能工艺系统的结构建构为智能工艺系统框架(见图3-31)。从系统框架中可以看出智能工艺系统主要包括三个模块：工艺智能优选模块、工艺智能推理及优化模块和数字孪生模块，其中工艺智能推理及优化模块又包含基于实例推理的工艺决策、基于数据挖掘的工艺优化、工艺仿真子模块。这三个模块通过人机交互界面与操作人员实现信息交流，例如操作人员需要从工艺智能优选模块优选获得的工艺实例集中选择最符合当前加工的实例。

系统的实施流程可以概述为：智能工艺系统根据操作人员输入的信息定义当前零件加工工艺问题，并予以编码；启动工艺智能优选模块后，将最具分类能力特征集中的特征属性进行特征等级的划分，并通过层次分析法自动计算出各特征等级及其所包含特征属性所对应的权重大小。依据基于实例的推理方法，依次进行实例检索、重用、修改、评价，获得与当前工艺问题最为匹配的工艺实例集，最终智能判别当前工艺实例集是否需要回收来实现实例库的自动扩充。

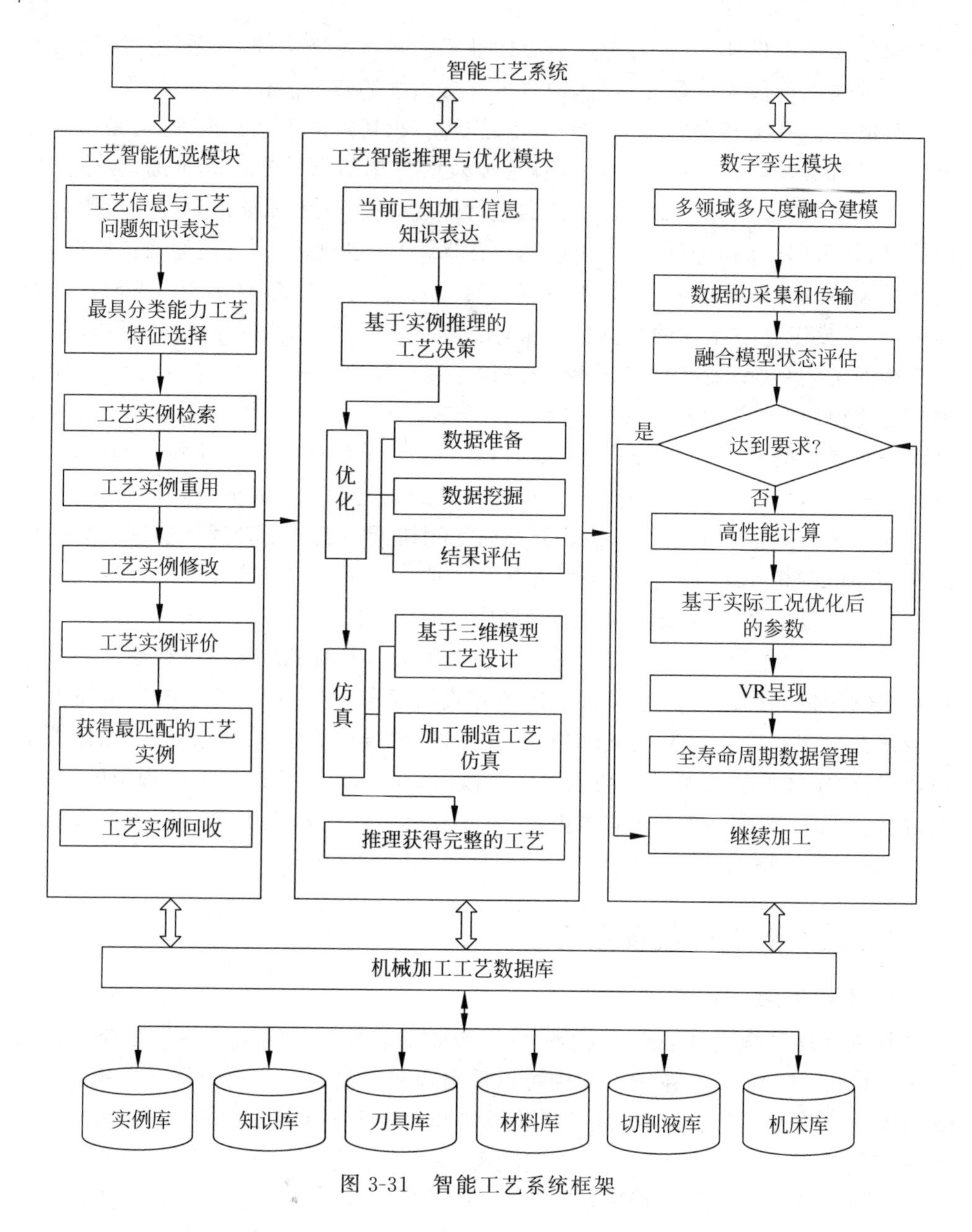

图 3-31　智能工艺系统框架

工艺智能推理与优化模块通过对上一个模块得到的工艺实例集，进行工艺决策，得到最符合当前加工工艺的方案。通过数据挖掘，从各个数据来源进行信息收集，汇总工艺信息后进行科学评估，优化出最需要的工艺信息。得到优化的工艺信息后，通过对该工艺进行三维建模，并通过三维模型可以优化一部分问题。再对三维模型进行加工制造工艺仿真，观察是否还存在加工问题，通过不断地优化，直到得到满意的工艺方案。

最后是数字孪生模块，通过计算机从多尺度多领域构建真实世界中物理实体的虚拟模型。通过高性能的传感器进行加工过程中的数据采集，传输到虚拟模型中。通过高性能计算对融合模型进行评估，达到要求就继续加工。否则，通过高性能计算修改加工参数。对每次加工过程中的数据进行全生命周期数据备份，对数据进行分布式管理。

2. 工艺智能优选模块

对于机械零件制造而言，零件分为轴、壁板、框肋、梁、长桁等不同类型，制造工艺方法包括车、铣、刨、磨、钻、喷丸等几十种，种类繁多、成形机理复杂，制造过程涉及工艺评估、工艺指令设计、制造模型设计等多项任务；且因零件材料、形状、尺寸等特征的不同，则所需应用的制造知识不尽相同。智能体现在机器利用形式化知识进行相应问题求解的能力，从知识功能特性剖析知识能力的含义。拥有知识的系统的能力代表了知识的功能特性，主要表现在给定的条件下能够完成一定的目标任务或解决特定问题，知识的主要功能以及应用目的体现在解决新问题和提升效率上。

为了提升智能程度，需要将生产中的工艺数据随时转化为知识。机械加工工艺知识的建模是机械加工工艺智能生成的前提；机械加工工艺知识库的管理是机械加工工艺智能生成的基础，因此进行智能工艺系统的设计必须进行工艺信息或知识的表达，建立完备的工艺数据库。工艺智能优选模块以基于粗糙集(rough set,RS)理论的实例推理方法为基础，能够在现有工艺数据库的基础上约简工艺实例中的冗余实例和特征属性中的冗余属性，从而得到最具分类能力的特征集，实现工艺数据库的自动分级划分。根据组合赋权法获得特征属性的组合权重大小，提高系统权重设置的合理性。基于实例的推理方法能够根据已定义的加工工艺问题，从实例库中检索出与其较为匹配的实例集。并根据新旧实例工艺问题的差异对检索到的工艺进行修改后，交由操作人员选择最为匹配的工艺路线，将其作为零部件加工的初步解决方案。

在工艺知识的表达方面，工步元作为工艺知识的最小单元，它包含工艺知识的概念、属性和规则，工序元由工步元按照一定顺序组合而成，而加工链又由一系列的工序链组合。以主轴箱壳体零件的工艺知识为例，给出三者对于具体零件工艺知识的表达(见图 3-32)。

机械加工工艺知识建模与管理框架如图 3-33 所示，包括机械加工工艺知识的建模、机械加工工艺知识的管理和机械加工工艺的表达与应用。其中：机械加工工艺知识的建模是机械加工工艺智能生成的前提；机械加工工艺知识库的管理是机械加工工艺智能生成的基础；机械加工工艺知识的表达与应用是机械加工工艺智能生成的目的。机械加工工艺知识的建模包括以下 3 个步骤：①根据工艺标准化准则，在分析机械加工工艺手册、文档、电子表格以及专家知识(或经验)的基础上，通过知识规范化处理及知识冗余检查进行工艺知识的预处理，并完成工艺知识的分类，创建工艺知识的结构模型；②基于工艺知识的结构模型，采用交互方式、知识挖掘算法、知识推理等实现工艺知识的有效获取；③为保证知识重用的准确性与完整性，对知识的重复性和矛盾性进行检查，以规范工艺知识库的创建。

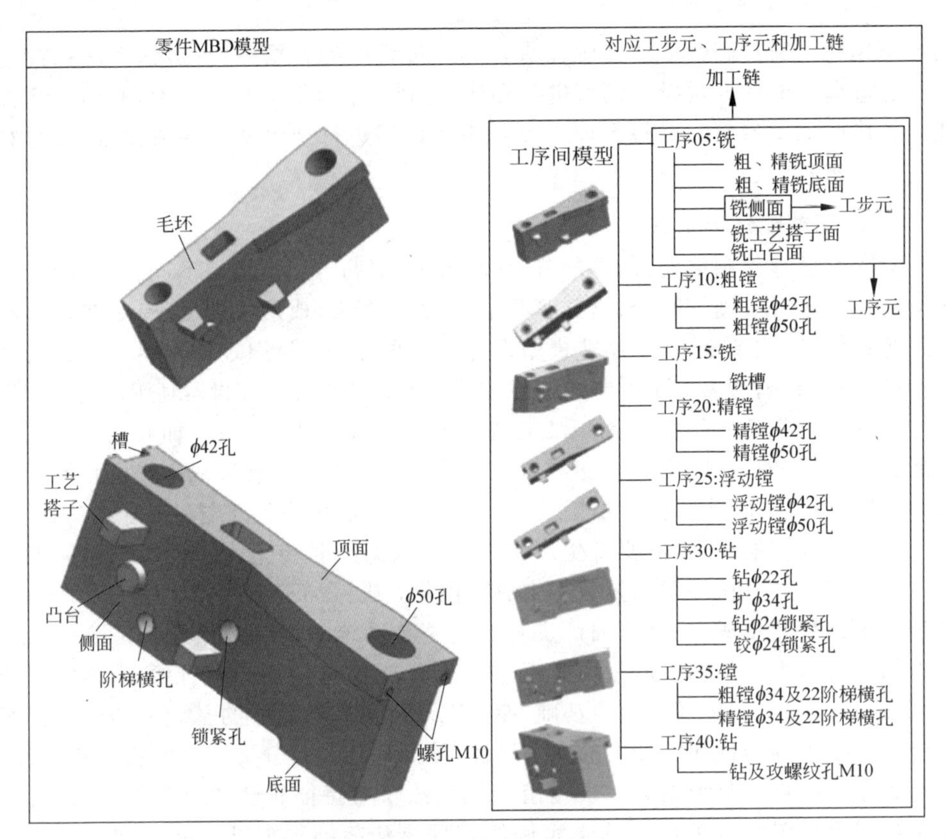

图 3-32 工艺知识的表达

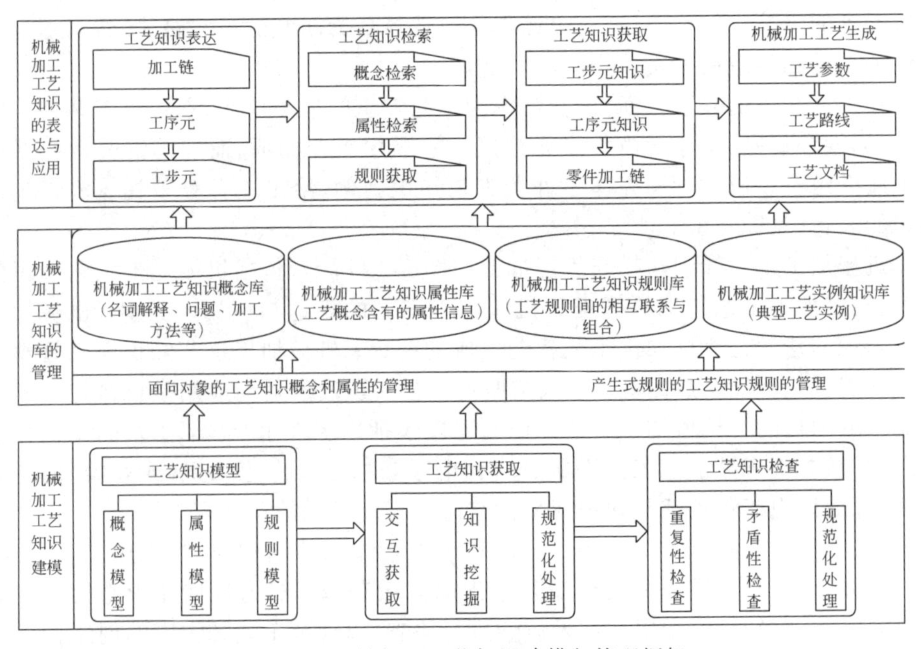

图 3-33 机械加工工艺知识建模与管理框架

3. 工艺智能推理与优化模块

工艺智能推理与优化模块由基于实例推理的工艺决策、基于数据挖掘的工艺优化、工艺仿真三个子模块组成。

1) 基于实例推理的工艺决策子模块

实例推理的流程如图 3-34 所示，在得到新的问题之后，首先进行目标实例的描述，然后进行目标实例的检索，将目标实例与实例库进行检索对比，如果存在与目标实例相同的情况，则进行实例的重用，形成新的实例，如果目标实例与实例库不相匹配，则采用“就近原则”对最为相似的实例进行修改和调整，得到新的实例，结合客户的满意度反馈和评价，进行实例的学习，将最终实例存入实例库中，供下次新问题检索使用。其中，实例检索包含实例知识表示、概念树相似度及实例相似度计算三部分。

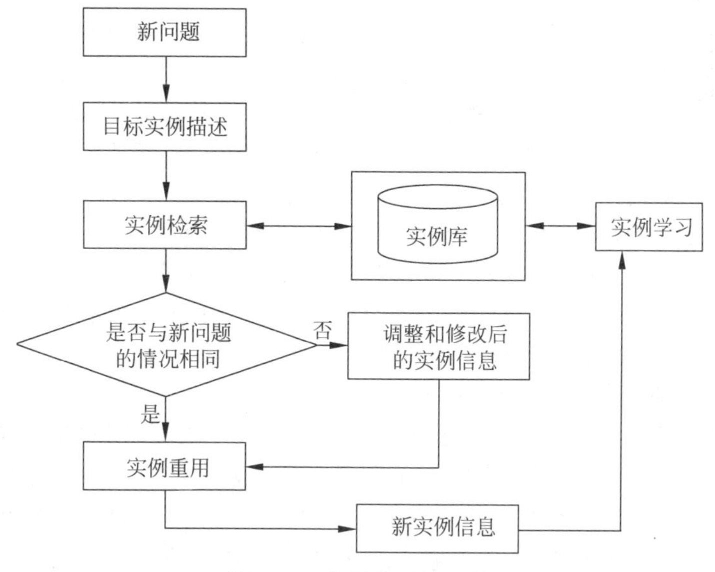

图 3-34 实例推理的流程

当知识系统检测到用户输入切削工艺问题后，对所输入问题进行文本预处理，检测该切削问题的特征，与工艺案例库中已有工艺案例进行比较和特征相似度计算，寻找出相似度达到某阈值的案例，将该案例的工艺路线、解决方案以及与解决该案例相关的知识推送给用户，用户参考所推送的信息解决当前的问题。具体执行步骤如下：

第一步：用户输入新的工艺问题；

第二步：对新工艺问题规范化，并对其各属性赋值；

第三步：查找切削案例知识库子库中的案例个数 M；

第四步：判断 $M>1$ 是否成立，成立则进入第五步，不成立则判断 $M=1$ 是否成立，成立则输出案例，不成立则返回第二步，扩大搜索条件继续搜索；

第五步：对第 M 个案例进行属性相似度计算，计算案例相识度；

第六步：使 $M=M-1$；

第七步：判断 $M>0$ 是否成立，成立则返回第五步，否则进入第八步；

第八步：输出案例相识度最大的案例；

第九步：用户对输出案例的工艺方案进行评价；

第十步：用户判断该案例的方案是否符合本次工艺问题的要求，符合则进入第十一步，否则修改案例工艺路线后返回第九步；

第十一步：系统实现案例重用。

2）基于数据挖掘的工艺优化子模块

通过对各种数据来源的工艺设计知识进行整合，去除冗存数据，留下精简有用的数据。通过最优的数据挖掘算法，把所得到的数据与工艺数据库和知识库进行匹配，挖掘出相应的模式模型。最后对得到的模式模型进行解释和评估。模型解释即生成一种易于理解的可视化模式模型呈现给设计者。模型评估即需对数据挖掘过程进行一次全面回顾，从而决定是否存在重要的因素或任务由于某些原因而被忽视。该阶段可以采用遗传算法、神经网络方法、决策树算法、关联分析、粗糙集方法、模糊集方法、统计分析方法、覆盖正例排斥反例方法、可视化技术等。下面以遗传算法为例来说明求解工艺优化问题。遗传算法的实现主要包括以下四个步骤：编码、选择、交叉和变异。在数据挖掘过后，得到了大量有用的数据，通过对比以往的工艺数据库，不断重复四个步骤的操作进行迭代运算，直到达到遗传算法的终止条件时为止，最终得出目标函数的最优解。这个工艺参数的最优解就是优化过后的工艺数据，会通过这个模块传递给下一个子模块。

3）工艺仿真子模块

工艺仿真子模块接收上一个子模块传过来的工艺数据，首先是用这些数据进行基于三维建模的工艺设计，其主要流程是：三维数字样机建模→数值模拟仿真与试验。通过基于三维模型的数字化建模与仿真、信息与过程集成等技术来提高产品开发决策的能力和水平，提高产品研发效率和保障研发质量。构建的三维模型能够更加直观地呈现该工艺数据下的生成结果，从而对工艺流程有一个直观的了解。通过对产品的三维模型进行早期验证，不断迭代修改工艺，直到设计出满意的结果。

该模块可以通过有限元等仿真软件对加工过程进行仿真，通过仿真可以及时发现工艺过程中的问题，及时改变工艺流程，降低产品次品率，有效地缩短产品工艺的开发进程。例如切削仿真，使用有限元方法建立刀具和工件的模型，并进行自适应有限元网格划分；根据刀具、工件的材料属性，建立刀具、工件在切削过程中的本构模型，分析刀具切屑界面接触摩擦行为准则、切削过程中工件材料屈服流动准则等，施加准确的边界条件后，对切削过程进行物理仿真；得到较为准确的工件应力应变、切削力、切削热等物理参数，为切削参数优化提供重要的理论指导。

通过工艺智能推理与优化模块的第一部分工艺决策子模块可以从实例库检索到需要的实例，并与需要解决的新实例进行比较，通过实例推理决策出有用的工艺信息。然后传递给第二部分工艺优化子模块，通过数据挖掘技术对其优化。把优化后的工艺信息，再传递给第三部分工艺仿真子模块，通过建立三维模型进行加工制造工艺仿真。检测出是否还存在某些问题，若存在则在加工之前就把某些问题解决掉，从而推理优化出既符合需求又符合市场的完整工艺方案。

4. 数字孪生模块

智能工艺系统的数字孪生模块以数字孪生技术为基础。传统工艺设计基于试错法，低效、耗时并依赖于人的经验，使得该阶段的成本和时间不可预测。为了解决上述问题，基于从高精度智能传感器和机器控制系统收集的实时数据，针对工艺加工过程和物理设备，从多领域多时空尺度建立模型，实施多物理场和多尺度的模拟仿真分析。通过对物理实体制造过程中的数据进行采集，然后传输到虚拟模型(制造过程模拟)中。基于这些数据匹配数据库和知识库的数据知识，对整个融合模型进行状态评估，通过高性能计算得到虚拟模型运行结果，匹配是否达到工艺需求的精度。如果加工精度在工艺要求的范围之内，则继续加工。否则，把评估后的结果再次比对，通过高性能计算与工艺要求精度的差距，计算出需要修改的动态加工参数，再反馈给融合模型，计算是否可以满足工艺要求，满足则继续加工，否则继续优化。

加工过程是处于高度非线性状态的，工艺参数的动态变化是非常迅速的，因此依赖传感器获得现场多源数据、实现高质量监测的难度很大。5G技术的主要优势是可以提供非常低、稳定和可预测的延迟，并通过提供这种低延迟功能来实现控制闭环，满足实时控制需要在1 ms内完成处理传感器信息的要求。对于整个流程的数据传输，都需要较高的速度。不然在动态变化的加工过程中，很难实现工艺参数的精确控制。在每一次加工过程中产生的数据通过全寿命周期数据管理进行备份，对数据进行分布式管理，整理后在数据库里存储。通过存储系统的全寿命周期数据，可以为数据分析和展示提供更充分的信息，使系统具备历史状态回放、结构健康退化分析以及任意历史时刻的智能解析功能。

3.3.3 软件程序设计及流程

在工业4.0的时代，系统化、数字化、智能化、数据化已经成为中国制造业变革的总体方向。智能制造系统，将互联网、云计算、大数据、移动应用等新技术与产品生产管理深度融合，借助计算机模拟人类专家的智能活动进行分析、推理、判断、构思和决策等，从而取代或者延伸制造环境中人的部分脑力劳动，实现生产模式的创新变革，为客户提供工厂可视化和远程运维解决方案。智能工艺系统是智能制造系统的重要组成部分。为了推进制造智能化，开发出具有良好人机交互界面的相关软件平台是非常有必要的。

智能工艺系统软件主要由工艺智能优选模块、工艺智能推理与优化模块和数字孪生模块三个大功能模块，以及大功能模块下的小功能子模块构成。对大模块、小模块需要完成的功能在前文已经有一个详细的介绍。考虑到软件平台功能的进一步扩展和集成，智能工艺系统软件的框架体系结构采用基于动态链接库(dynamic link library,DLL)技术的模块化设计方法。软件的每个应用子功能模块均设计为一个动态链接库，每个独立模块单独进行开发和调试，开发和调试成功之后便可以方便地集成到智能工艺系统软件平台的主控程序之中。

1. 工艺智能优选模块软件设计

在工艺智能优选模块程序设计中，将其设定为较为独立的 DLL 文件，主程序中仅将模块运行所需数据信息采用 AnsiString 的形式送入 DLL 中，极大简化了主控程序的复杂性，同时也不用考虑各模块运行时内存的申请与释放问题。

工艺智能优选模块运行的第一步是采用分层过滤机制获取与当前工艺问题较为匹配的实例集。而分层过滤机制的建立需要依赖于特征属性的权重大小。因此，在工艺智能优选模块软件设计中，需要将领域专家定义的 AHP 方法中的实例库前件表各特征属性的重要性判断录入系统，实现实例库前件特征属性主观权重的自动计算。采用 RS 理论基于连续属性离散、特征属性约简自动计算出特征属性的客观属性权重；定义加权系数，根据客观权重和主观权重获得基于当前实例库的前件特征属性组合权重大小；根据组合权重大小将其降序排列后，构建分层过滤机制的三层级别。

如前所述，将当前工艺问题转换为编码，采用分层过滤机制匹配出与当前工艺问题较为相似的实例集，并读取相应的实例前件编码。针对不同前件特征属性类别，计算各特征属性不同取值之间的局部相似度大小；定义综合评价因子 R，将 R 值最大的实例提交给用户，实现实例的重用。在实例修改阶段，自动比较当前工艺问题编码与重用获得的最优工艺实例的前件编码。若存在不同，则调用工艺智能推理与优化模块，根据差异特征属性建立待求变量链表，采用正反向推理获得推理结论对最优工艺实例后件中的工艺方案进行修正。同时支持操作人员人机交互修改，将修改后的工艺实例应用于实际加工加以验证。CBR-R^5 模型具体算法流程如图 3-35 所示。

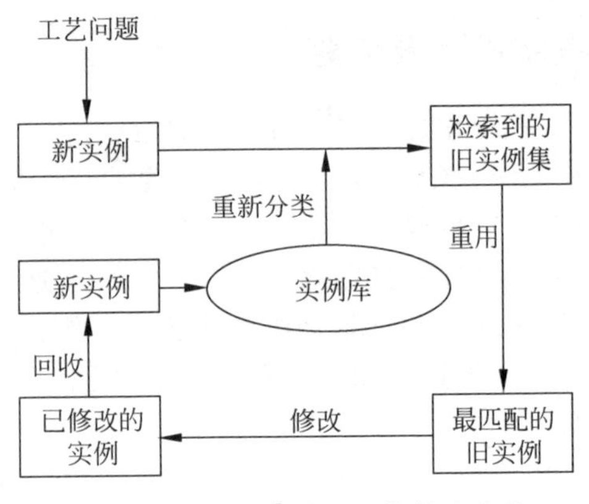

图 3-35　CBR-R^5 模型具体算法流程

2. 基于实例推理的工艺决策模块设计

基于实例推理的工艺决策模块软件设计包括基于规则推理(rule based reasoning,RBR)推理程序设计和GA-BP模型程序设计两部分。

1) RBR推理程序设计

RBR推理策略采用正反向混合推理方式。在推理过程开始前,将规则库中的规则分为非目的规则和目的规则,并分别建立非目的规则链表和目的规则链表。

正向推理过程:将当前已知信息通过与事实库中的现有事实进行匹配,并查找出非目的规则链表中当前可适用的规则。可适用规则是指在本次推理过程进行前,该条规则尚未被激活,在临时数据链表中增加一个布尔型参数来加以标识。若该布尔型参数为0,则该规则未被激活;反之,若为1,则表示该规则已被激活,不能再参与推理。显然,对于前提满足的规则,激活后将其布尔型参数标识更改为1。将规则编号添加到已使用规则编号链表中,并将该规则的活性度加1。若判断推理结果为新事实,则将该规则结论事实编号添加到已知事实编号链表中。反复进行,直至满足推理结束条件。对于正向推理,其算法流程图如图3-36所示。

反向推理的基本思想是根据选定的一个推理目标,在规则库中匹配支持该推理目标的规则,若当前已知信息所提供的已知事实能够满足该规则,则该推理目标成立;反之,则该假设不成立,继续进行另一推理目标的匹配。类似于正向推理,也需要在临时数据链表中增加一个布尔型参数来加以标识。若该布尔型参数为0,则该规则未被激活;反之,若为1,则表示该规则已被激活,不能再参与推理。对于反向推理,其算法流程图如图3-37所示。

2) GA-BP模型程序设计

GA-BP模型处理的核心问题是网络的训练过程。针对当前已知信息,根据工艺智能优选模块中RS理论自动计算获得的权重大小,采用分层过滤机制从实例库中检索出较为匹配的实例集训练BP网络。

采用随机生成的方式生成初始种群,取群体数为100。任一组完整的神经网络权重和阀值是遗传种群中的一个个体,采用实数编码的方式对其进行编码表示,遗传代数确定为100。遗传算法的目标函数定义为网络误差的平方和最小,即搜索所有进化代中网络的误差平方和最小的个体。适应度函数可构造成目标函数倒数的形式。

程序设计基于整代替代的规则实现采样空间的重新构建。为了避免后代替换双亲策略中容易失去一些较好染色体甚至是最佳染色体的弊端,程序设计中采用保留当前代最佳染色体,同时让上一代最佳染色体仍然参与本次遗传操作运算。

采用适应度比例选择法(轮盘赌法)确定染色体的选择概率,即各个个体的被选中概率与其适应度大小成正比。适应度比例选择法能够保证适应值大的染色体获得高选择概率,从而确保种群个体的质量。同时为了防止最佳染色体的退化,所

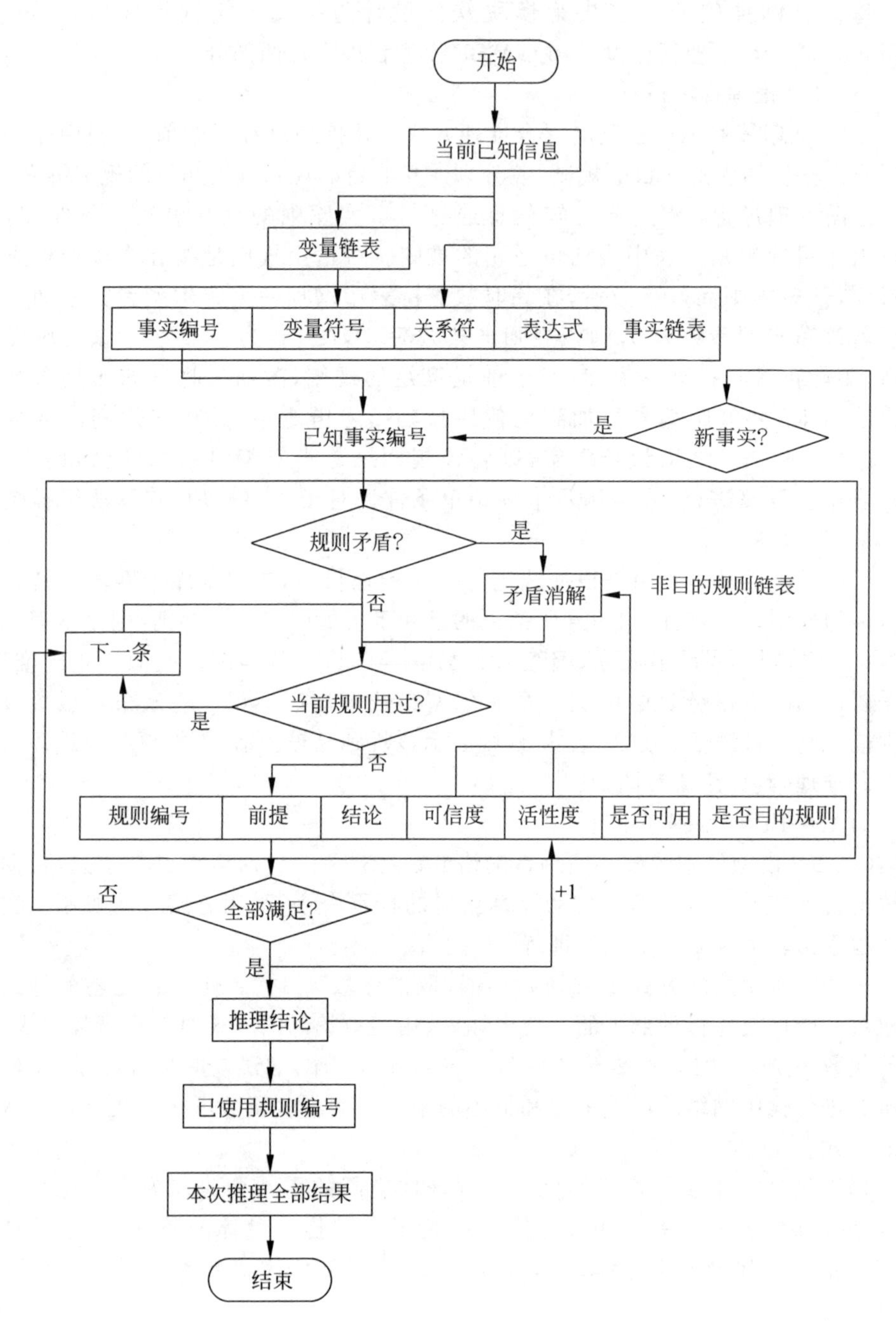

图 3-36 正向推理算法流程图

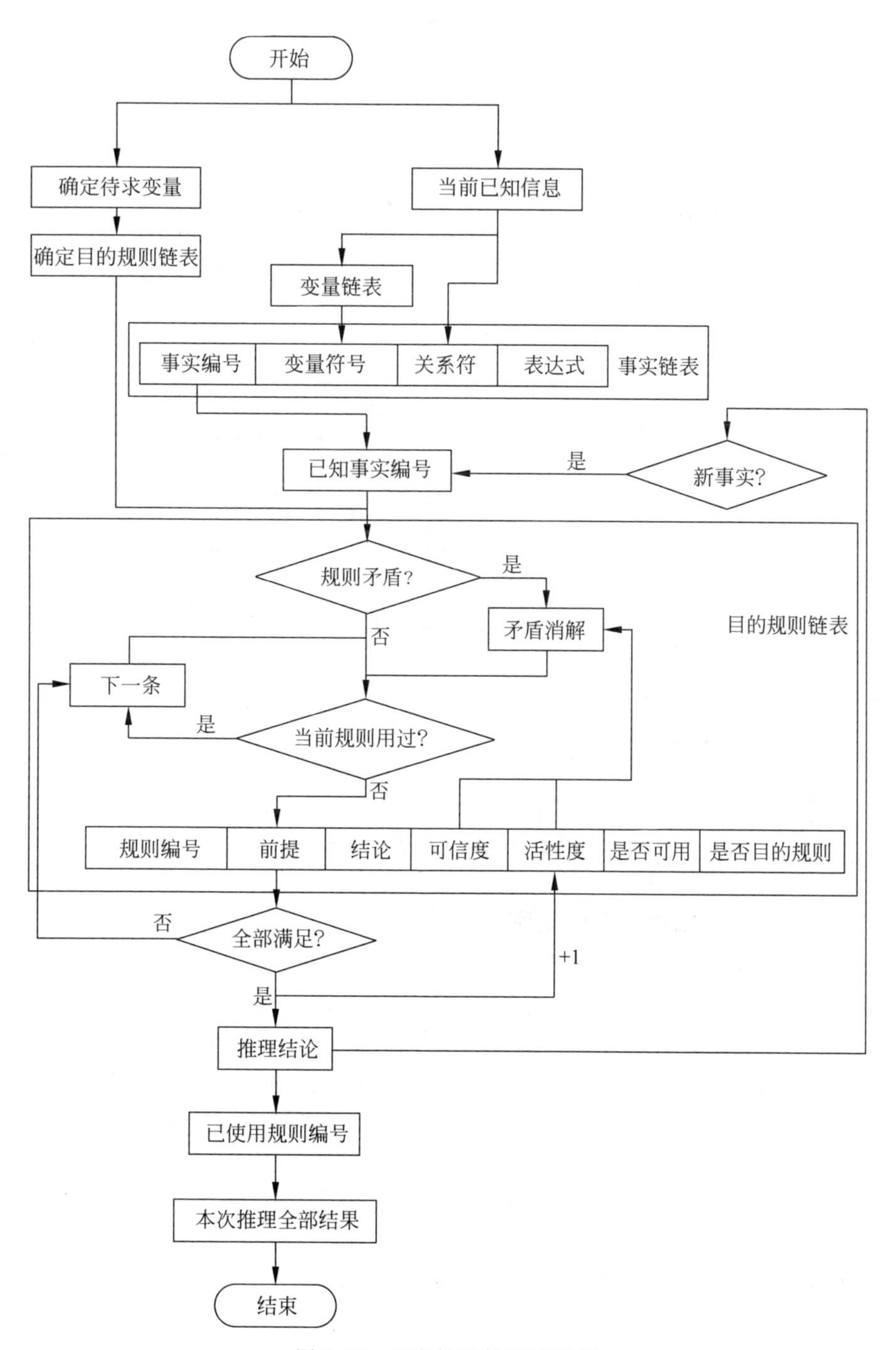

图 3-37　反向推理算法流程图

有遗传代中种群适应值最大的染色体可直接用 currentbest 保存下来。定义交叉算子和变异算子，将经过选择、交叉及变异后的种群带入 BP 网络进行计算，直至达到遗传代数后，利用最后一次遗传操作产生的最佳个体，作为权值与阈值来对输入参数进行运算，得出非线性映射网络输出。GA-BP 算法流程如图 3-38 所示。

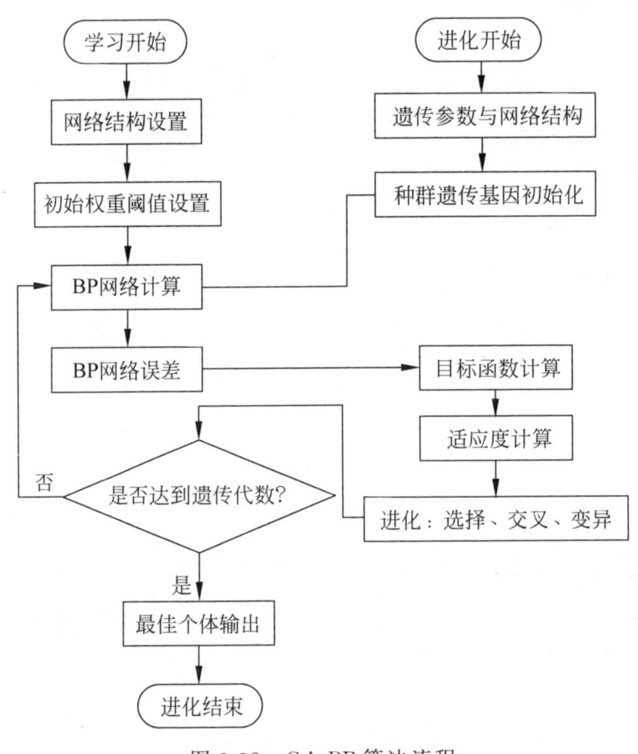

图 3-38　GA-BP 算法流程

3. 基于数据挖掘的工艺优化模块设计

应用平台的体系结构分三部分组成，如图 3-39 所示。第一部分是业务数据，提供原始数据；第二部分是数据仓库和业务应用，该层首先将第一层的数据进行面向制造过程的数据挖掘平台设计处理，装载到数据仓库中，然后以数据仓库为基础，以数据挖掘技术为核心，将数据挖掘的结果存放到业务模型中，同时提供模型算法的开发扩展接口；第三部分是客户端软件或浏览器，可通过对接口的调用创建用户图形接口。数据挖掘引擎服务器提供 Web 服务，并通过简单对象传输协议将数据在网络间传输，对于 C/S 的架构，则直接引用 Web 服务建立的数据处理分析业务逻辑，通过客户端 GUI 与用户实现交互数据的输入和输出；对于 B/S 架构，则 Web 应用程序对 Web 服务建立的业务逻辑进行二次封装，建立分系统的业务对象，通过客户端与用户实现交互数据的输入和输出；同时，还可以对个人数字助理进行服务，通过 Web 服务与 PDA 用户建立联系，进行便携的交互数据输入和输出。

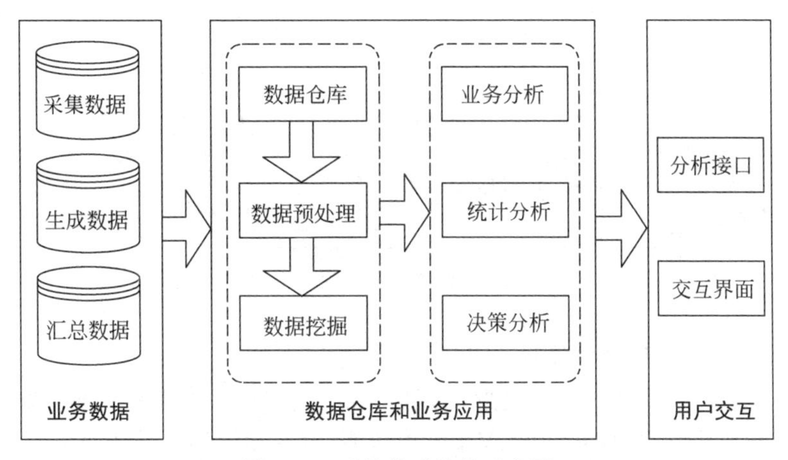

图 3-39 系统体系结构示意图

4. 工艺仿真模块设计

工艺仿真模块包含了基于三维模型的工艺设计、加工制造工艺仿真，首先需要进行三维模型建立和工艺设计，再根据制造工艺进行加工制造工艺仿真。

基于三维模型的工艺设计主要包括工艺设计规范、参数化建模规范、三维标注规范等一系列规范组成的系统约束，为系统提供一个全方位的规范标准。同时，系统能够提供设计各种系统的功能，如三维工艺设计、参数化建模、三维信息标注。此外，系统提供各种中间层的工具来完成系统的数字化定义和完备性检查等需求，最终依托数据库的集成构成一个集成的信息共享平台，实现基于 MBD 三维数字化工艺设计。其中三维模型的工艺设计主要包括基于三维模型的工序模型设计、基于三维模型的工艺信息标注、基于三维模型的工艺 BOM 编制、基于三维模型的数控加工和检测编程、基于三维模型的工艺文件编制等功能。零部件完成三维标注后，关键特性信息由标签符号和标签属性两部分组成。三维信息标注详细描述了产品模型的几何特征、产品的设计信息和工艺制造信息等，基于统一数据源进行工艺设计。所以，要将这些几何与非几何信息、工艺结构信息等完整地识别出来。构建包括零件特征转换、识别与提取等功能，实现可视化三维工艺过程。通过建立全三维数模的信息提取和识别，提高设计阶段对模型定义信息的利用率，以全三维模型作为生产中的唯一依据将三维数字化定义模型中的全部信息完整地传递到工艺设计与数控编程模块中，供工艺设计与数控自动编程模块使用，打通数字化设计的链条，有效解决设计制造集成问题，从而达到设计制造集成的目的。基于三维模型的工艺设计基本流程如图 3-40 所示。

工艺仿真软件是一个复杂的系统，涉及多学科交叉，它除了各种求解器，还包括前后处理，而前后处理研发难度完全不亚于求解器。研发工艺仿真软件的最大难点是成本和周期。因此工艺仿真模块需在现有仿真软件的基础上，进行二次开发实现工艺仿真，并对仿真结果进行调用、评估。

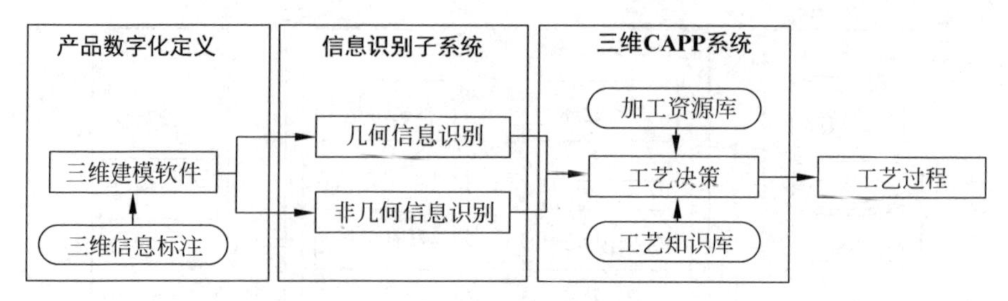

图 3-40　基于三维模型的工艺设计基本流程

5. 数字孪生模块软件设计

数字孪生模块主要需要实现融合模型生成功能、数据采集与传输功能、融合模型状态评估功能、计算优化功能、VR 呈现功能、全寿命周期管理功能等。

进行融合模型的生成首先需要接收上一个模块输出的三维模型数据,仿真数据及工艺数据等,可以通过 VR 呈现功能直观地看到融合模型以及各种工艺数据的变化。在加工过程中,通过传感器采集的数据,传输到高性能计算算法中,通过进一步的处理,预测该加工参数下的加工结果,根据结果进行融合模型状态评估,判断与实际需求加工精度的差值。在误差允许范围之内则继续加工；如在范围之外则发出提示,把该数据传入优化算法,通过修改加工参数后的加工结果是否在误差允许范围之内,如果在则继续加工。在当前加工参数下加工的三维模型和修改加工参数以后的三维模型都通过 VR 呈现出来,直观地观察最后的加工结果。把在加工过程中产生的数据进行全寿命周期数据管理,以方便下一次的工艺设计,还可进行完成后的数据分析。

第4章

智能工艺设计应用案例

4.1 箱体零件三维数字化工艺设计

本节以一款典型箱体零件为例，在开目 CAPP 软件（KMCAPP）中对其特征进行识别，并通过智能算法对其工艺方案和加工路线进行决策，然后生成零件加工工艺过程文件，验证采用智能算法得出的工艺决策方案是合理的。经过工艺设计后生成的零件三维工序过程文件和加工工艺过程卡能够直观地指导加工流程。

4.1.1 开目 CAPP 软件工艺设计方法

开目
CAPP
演示视频

KMCAPP 是中国最具代表性的商品化 CAPP 软件之一，其具备强大的数据分析与模型建造功能，能够运用数据计算、逻辑分析等多种解析方式对零件特征进行分析，并利用自动识别与人机交互相结合的方式完成全部特征的识别；采用基于知识推理的方式，根据特征类型直接调用已经定义好的子流程进行工艺设计，可以极大地提高定义工艺内容的效率；对类型相同、工艺参数相似的零件可以通过人机交互的方式进行必要的参数修改，生成合适的工艺文件。

KMCAPP 系统根据特征类型与设计参数，生成特征的加工方法链，系统包含了三种特征加工流程生成方法：

（1）自动生成。KMCAPP 能够将特征参数提取出来，调用工艺知识库，生成特征工艺加工方案，并将工艺流程直接与 PROE 软件中的特征相对应。一次性生成零件所有特征的工艺文件数据。

（2）半自动生成。KMCAPP 将一定的工艺方案放到备选工艺池中，工艺人员可以直接调用其中的一部分文件，也可以编辑特征参数，修改工艺方案，提高工艺编制的效率。

（3）自定义生成。工艺设计人员通过交互方式完成特征加工方法的定义与修改，最后系统根据自定义的特征工艺方法生成加工工艺过程信息文件。

4.1.2 箱体特征识别技术

箱体样例零件的三维图如图 4-1 所示。

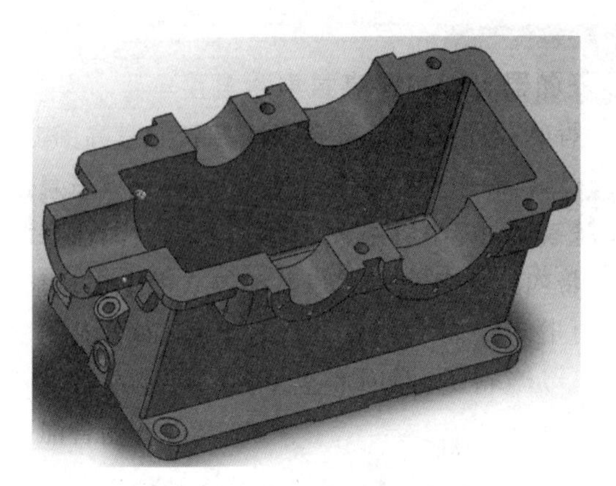

图 4-1　箱体样例零件三维图

图 4-2 为 KMCAPP 软件的主界面，通过 KMCAPP 导入图 4-1 所示的三维零件模型，模型将在 PROE 软件中显示。通过 KMCAPP 包含的特征识别插件，识别出零件的独立特征与部分相交特征。

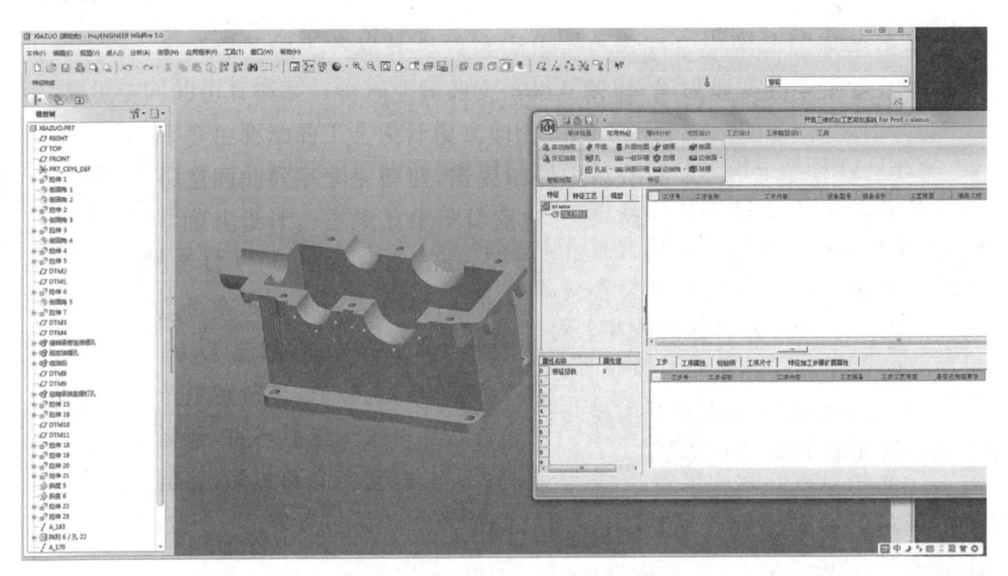

图 4-2　KMCAPP 软件的主界面

KMCAPP 特征识别模块采用的是独立特征自动识别和相交特征交互拾取的方式完成特征识别与定义的，通过调用 PROE 底层模型文件信息，CAPP 系统能够自动将独立特征包含的面从零件模型中过滤出来。图 4-3 为 KMCAPP 的特征自动拾取模块，可以自动识别零件的孔、外圆面和平面等独立特征并将其在模型中加亮显示。

零件未识别的特征需要采用人机互换的方式进行识别。KMCAPP 系统通过预选特征类型，再将零件模型中相对应的零件面选上，这样就完成了零件上特征类型

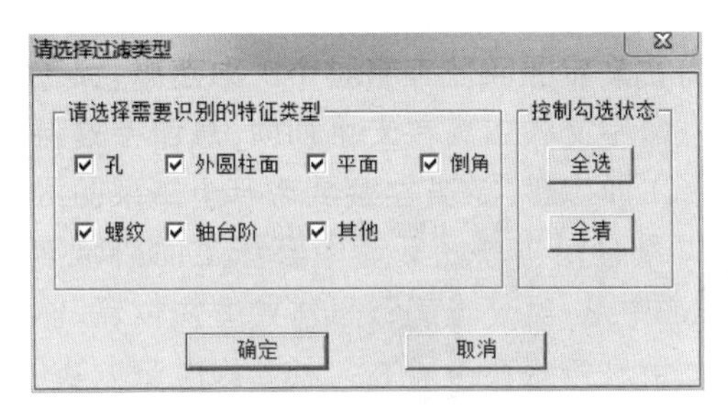

图 4-3　特征自动拾取模块

的解释与定义。图 4-4 为平面、孔交互拾取和环槽等外部特征的拾取界面，图 4-5 为凹槽特征的交互拾取界面，通过交互拾取特征模块选择特征类型，完成对相交特征的定义。图 4-6 为特征交互拾取界面。

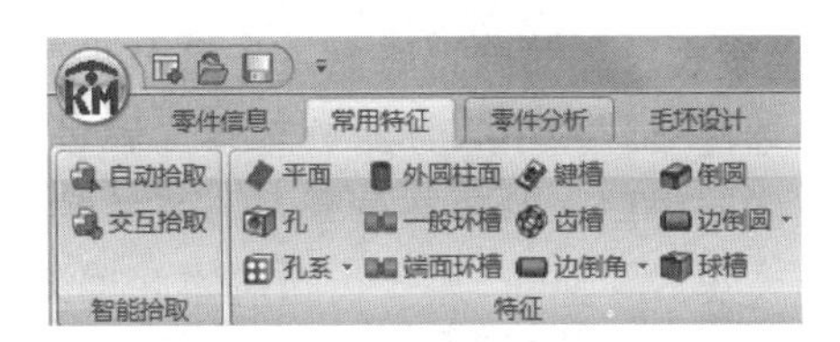

图 4-4　外部特征的拾取界面

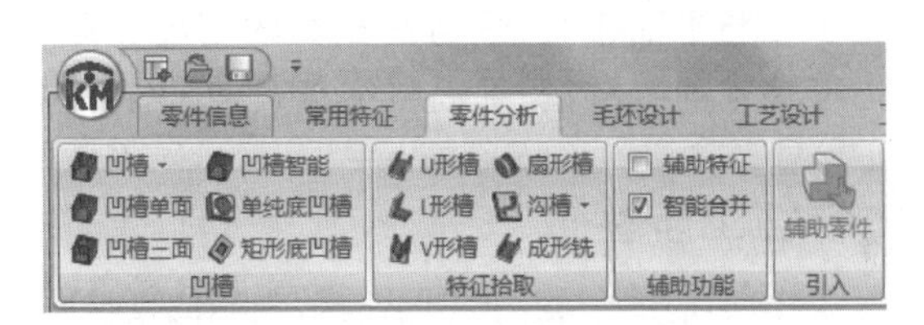

图 4-5　凹槽特征的交互拾取界面

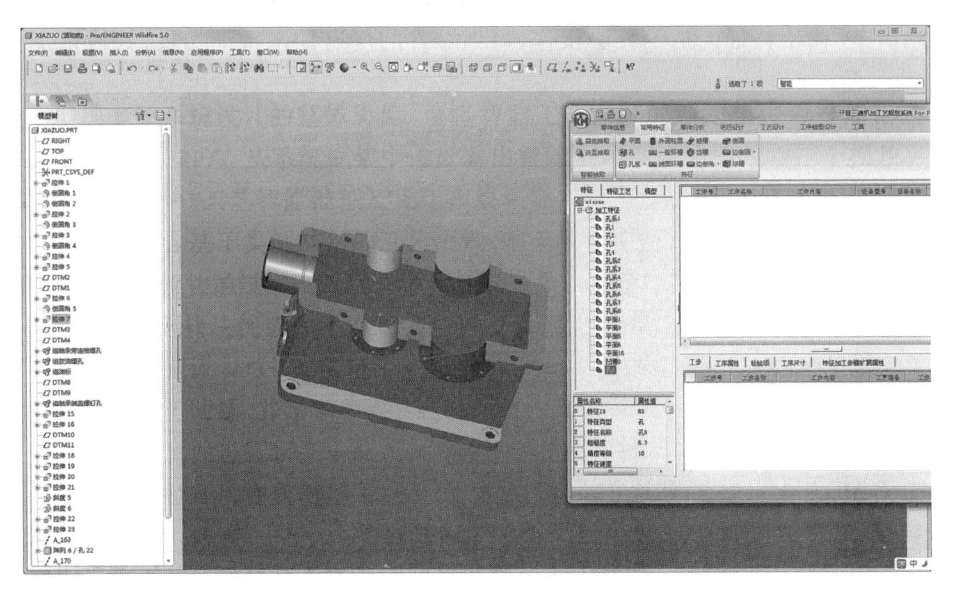

图 4-6　特征交互拾取界面

图 4-7 为箱体零件的特征识别结果，其主要特征有三类：孔特征、平面特征和槽特征。

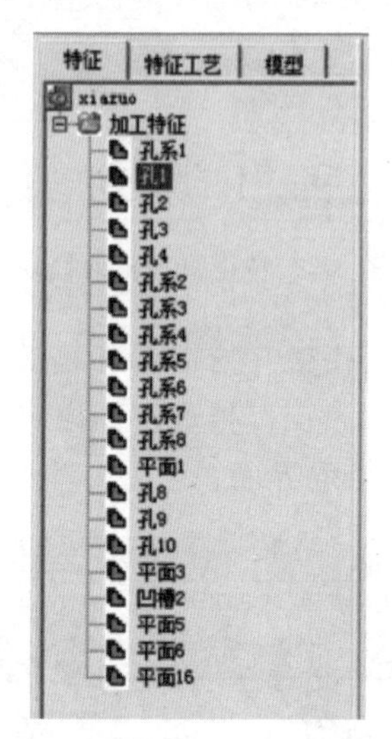

图 4-7 箱体零件的特征识别结果

该箱体零件包含了孔与平面相交、槽与槽相交的情况。运用 KMCAPP 软件，能够将箱体零件中需要加工的孔特征、平面特征以及槽特征识别出来。

4.1.3 箱体特征工步生成

运用智能算法对箱体零件孔类特征、平面特征和槽类特征的加工方法和加工工艺路线进行智能决策。将特征识别结果输入到相应的 BP 神经网络中进行加工方法决策，输出特征的加工方法操作，得到零件的所有加工特征参数，具体情况见表 4-1、表 4-2 和表 4-3。

表 4-1 箱体孔特征参数

序号	特征名称	材料	热处理	孔径大小/mm	精度等级	粗糙度/μm
1	小轴孔	铸铁	无	40	7	1.6
2	大轴孔	铸铁	无	62	7	1.6
3	侧轴孔	铸铁	无	80	7	1.6
4	顶面连接孔	铸铁	无	18	8	6.3
5	油柱孔	铸铁	无	14	10	6.3
6	出油孔	铸铁	无	22	8	6.3
7	底面固定孔	铸铁	无	22	8	6.3
8	前后端盖固定孔	铸铁	无	8	8	6.3

表 4-2　箱体平面特征参数

序号	平面名称	平面加工尺寸/mm	热处理	粗糙度/μm	精度等级	批量
1	顶面大平面	294	无	1.6	8	小
2	底面接触面	290	无	3.2	8	小
3	前后端面	75	无	3.2	8	小

表 4-3　箱体槽特征参数

序号	材料	特征名称	宽度/mm	深度/mm	精度等级	粗糙度/μm	行位公差
1	铸铁	通槽	65	4	11	12.5	无
2	铸铁	通槽	65	4	11	12.5	无
3	铸铁	通槽	96	4	11	12.5	无

图 4-8 所示为特征参数修改与加工方法定义界面。

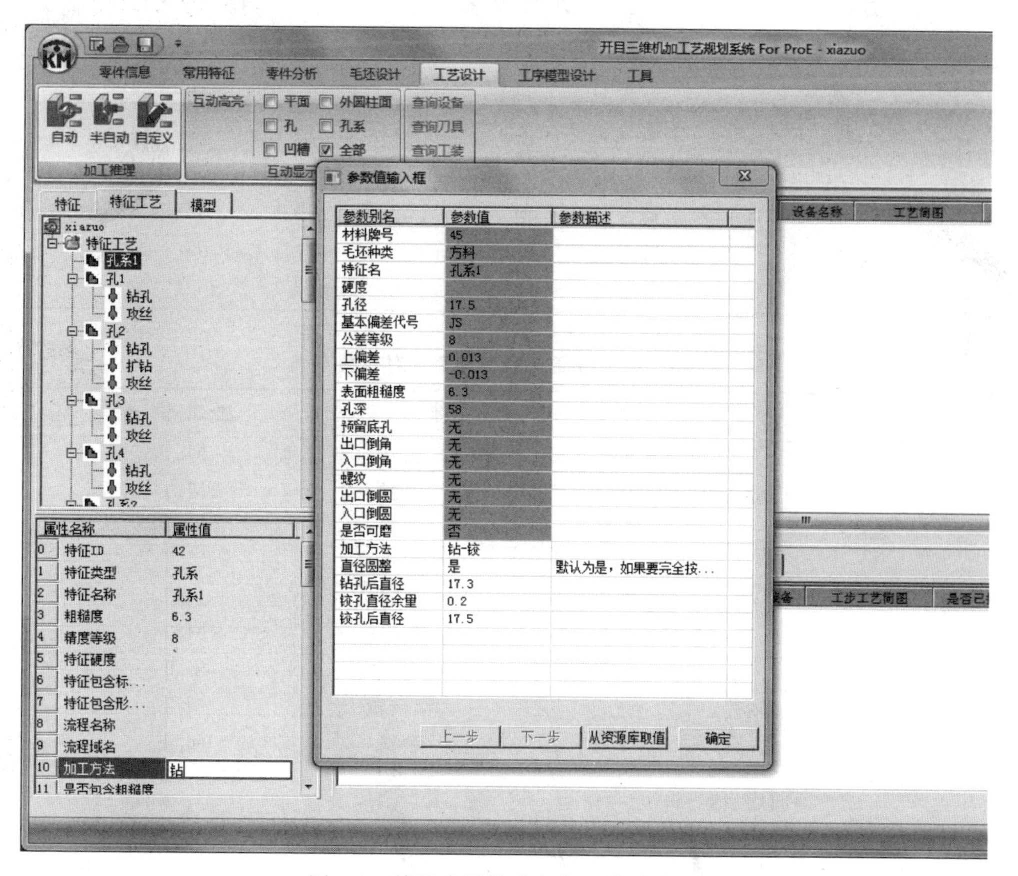

图 4-8　特征参数修改与加工方法定义

4.1.4 箱体工艺路线生成与编制

零件加工共计 28 个工步，表 4-4 和表 4-5 为加工这些特征所选用的机床与刀具以及转换工艺资源所产生的耗时情况。表 4-6 为加工特征与加工资源的对应情况。

表 4-4 机床型号与工件装卸耗时

机床编号	机床类型	工件装卸时间/s
M_1	数控卧式镗床 TX611D	90
M_2	摇臂钻床 Z3063	60
M_3	立式加工中心 GF1220P	90

表 4-5 刀具参数与换刀耗时

刀具	刀具种类	换刀时间/s
T_1	镗刀	60
T_2	钻头 D=22 mm	30
T_3	钻头 D=8 mm	30
T_4	钻头 D=18 mm	30
T_5	钻头 D=14 mm	30
T_6	铰刀	30
T_7	立铣刀	60

表 4-6 加工特征与加工资源的对应关系表

序号	特征类型	工步		加工设备
1	小轴孔	1	粗镗	M_1T_1
		2	半精镗	M_1T_1
		3	精镗	M_1T_1
2	大轴孔	4	粗镗	M_1T_1
		5	半精镗	M_1T_1
		6	精镗	M_1T_1
3	侧轴孔	7	粗镗	M_1T_1
		8	半精镗	M_1T_1
		9	精镗	M_1T_1
4	顶面连接孔	10	钻	M_2T_4/M_3T_4
		11	铰	M_3T_6
5	油柱孔	12	钻	M_2T_5/M_3T_5
		13	铰	M_3T_6

续表

序 号	特征类型	工	步	加工设备
6	出油孔	14	钻	M_2T_2/M_3T_2
		15	铰	M_3T_6
7	底面固定孔	16	钻	M_2T_4/M_3T_4
		17	铰	M_3T_6
8	前后端盖固定孔	18	钻	M_2T_3/M_3T_3
		19	铰	M_3T_6
9	顶面大平面	20	粗铣	M_3M_7
		21	精铣	M_3M_7
10	底面接触面	22	粗铣	M_3M_7
		23	精铣	M_3M_7
11	前后端面	24	粗铣	M_3T_6
		25	精铣	M_3M_7
12	通槽	26	粗铣	M_3M_7
13	通槽	27	粗铣	M_3M_7
14	通槽	28	粗铣	M_3M_7

利用 MATLAB 编写程序，以工艺转换产生的耗时最少为目标，采用遗传算法对上述零件进行仿真计算。该工艺路线与实际结果相比较，基本符合该零件的加工要求，满足特征间的工艺约束关系。

通过遗传算法得到工艺耗时与迭代次数的关系如图 4-9 所示。迭代 215 次时，工艺资源转换耗时最少，最少时间为 630 s。

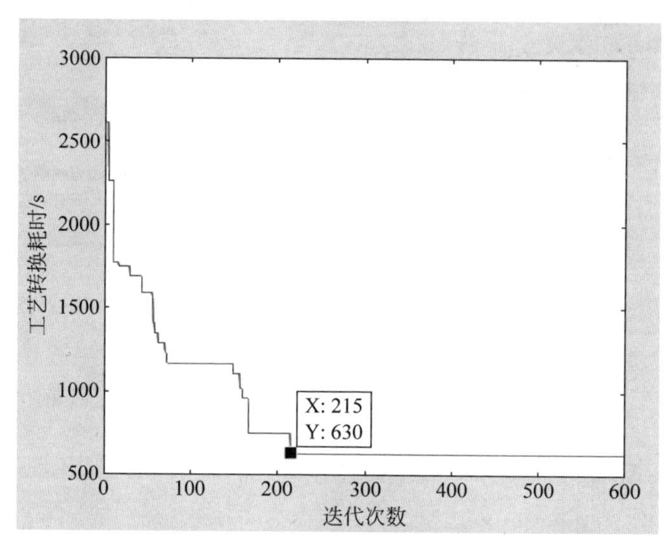

图 4-9 箱体样例零件工艺耗时曲线

从表 4-7 可以看出每道工序所用的机床与刀具情况，最优的工步排序方案的加工顺序依次为：22-23-27-26-28-20-21-24-25-1-2-3-4-5-6-7-8-9-12-14-16-10-18-13-15-17-19 11。加上最后进行的锪孔与攻丝工步，得到零件的工艺路线为：粗铣底面—精铣底面—粗铣底面通槽—粗铣顶面—精铣顶面—粗铣前后端面—精铣前后端面—粗镗小轴孔—半精镗小轴孔—精镗小轴孔—粗镗大轴孔—半精镗大轴孔—精镗大轴孔—粗镗侧轴孔—半精镗侧轴孔—精镗侧轴孔—钻油柱孔—钻出油孔—钻底孔—钻顶面连接孔—钻前后端盖固定孔—铰孔—锪孔—攻丝。

表 4-7 工艺路线与加工资源选用情况

<table>
<tr><th>加工顺序</th><th>1-9</th><th>10-18</th><th>19</th><th>20</th><th>21</th><th>22</th><th>23</th><th>24</th><th>25</th><th>26</th><th>27</th><th>28</th></tr>
<tr><td>O</td><td>22-23-27-26-28-20-21-24-25</td><td>1-2-3-4-5-6-7-8-9</td><td>12</td><td>14</td><td>16</td><td>10</td><td>18</td><td>13</td><td>15</td><td>17</td><td>19</td><td>11</td></tr>
<tr><td>M</td><td>3</td><td>1</td><td colspan="10">3</td></tr>
<tr><td>T</td><td>7</td><td>1</td><td>5</td><td>2</td><td>4</td><td>4</td><td>3</td><td>6</td><td>6</td><td>6</td><td>6</td><td>6</td></tr>
</table>

以遗传算法生成零件的加工工艺路线为指导。在开目软件中通过新建空的工序过程，再将对应的工步勾选到相应的工序下，完成零件的工艺路线定义。图 4-10 所示为一个新的工序过程表创建界面。

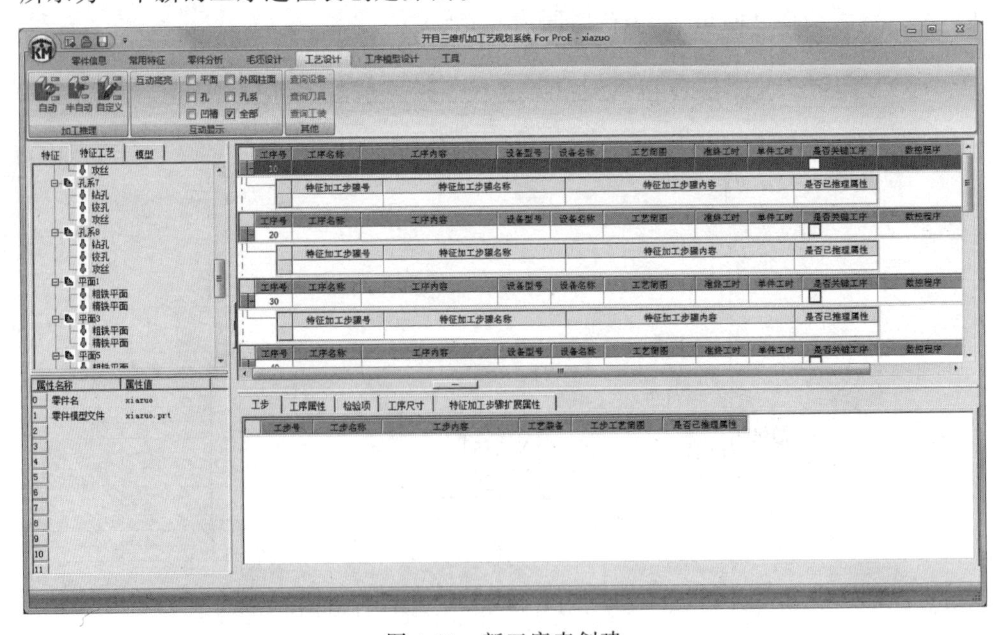

图 4-10 新工序表创建

图 4-11 所示为在 CAPP 中进行工艺路线编制的界面。

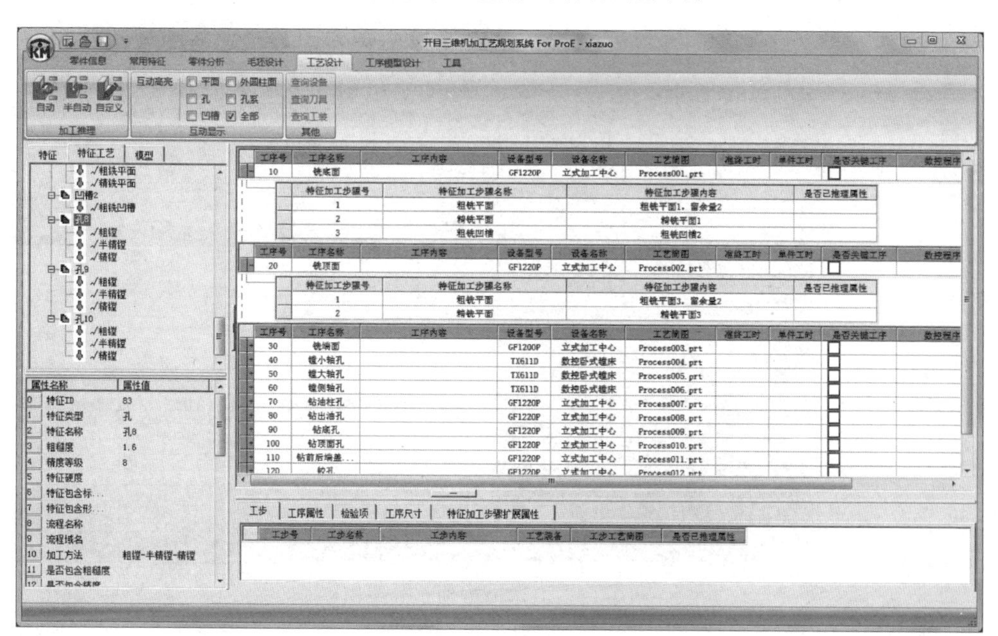

图 4-11　工艺路线编制

4.1.5　箱体工艺文件的生成

为了指导现场加工，KMCAPP 能够将工艺设计结果自动导出，生成三维工艺文件和 PDF 表格。

1. 箱体零件工序模型生成

在 KMCAPP 中有两种零件工序生成模式：

(1) 工序模型自动生成。由 KMCAPP 根据零件大小和材料的加工余量，自动为零件生成棒料或块料毛坯。对于每一道工序，根据加工余量自动生成零件工序模型，并在三维模型中高亮显示零件所选工序下的待加工表面。

(2) 工序模型导入生成。提前对零件工序模型进行建模，通过 PROE 导入零件工序模型，并在 KMCAPP 中与工序相关联，完成零件工序模型的建立。

图 4-12 为毛坯模型加工效果图，在 PROE 中可以直观地看到特征加工方法对毛坯的加工效果，零件模型中高亮显示的是箱体的出油孔特征与其加工方法。在 KMCAPP 中显示了特征加工方法、加工资源选用与加工参数情况。

2. 工序文件生成

通过开目软件可以将工艺路线文件导出为 PDF 格式文件，并可以通过开目软件检查每道工序的加工情况，通过编辑加工资源，完成特征工步加工机床、刀具、切削参数、加工时间等制造参数的设置，用于指导车间加工。

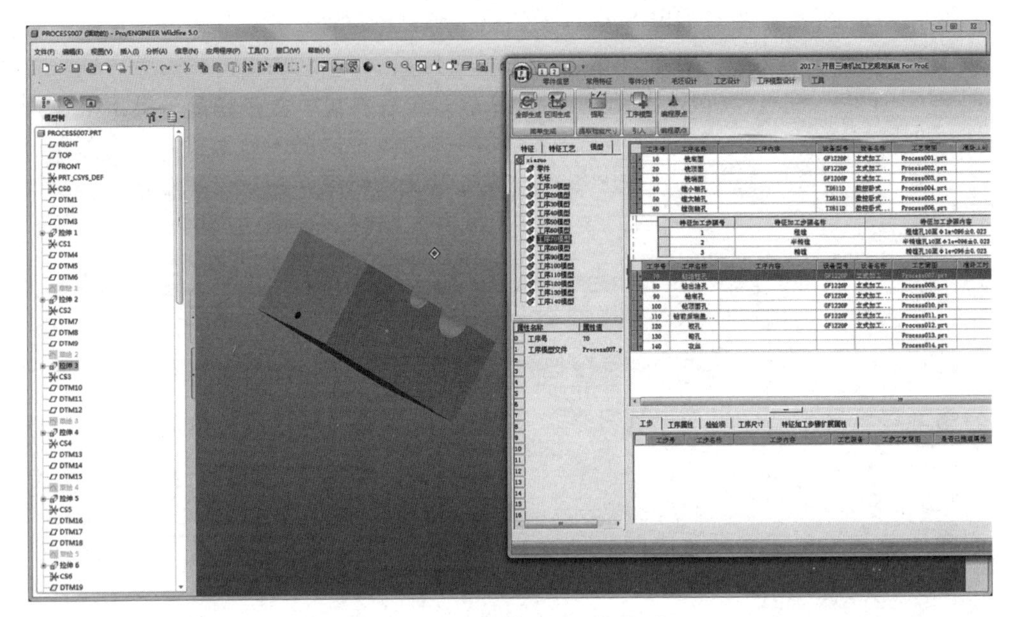

图 4-12　毛坯模型加工效果图

4.2　典型零件智能磨削工艺软件

本节介绍一套典型零件智能磨削工艺软件，其不仅具有基础数据库模块，存储了机床、材料、砂轮、磨削液、修整等基础数据，还有相配套的工艺知识库模块，存储了磨削加工中的实例、规则、模型与算法等工艺经验知识，并且有工艺智能决策模块，能够基于基础数据库和工艺知识库对工艺方案进行决策推理。工艺软件在进行决策的同时，会结合实际加工特点进行适当调整，确保生成合理的工艺方案，以达到加工精度要求。

4.2.1　软件功能描述

工艺软件主要服务对象是典型零件制造企业，软件需要实现的主要功能是能够最大限度地利用企业已有的工艺、加工信息，实现工艺、加工信息和知识的重用，为典型零件磨削加工工艺的高效率、高精度打下基础。因此，从软件的功能需求出发，典型零件智能磨削工艺软件应当具备以下几个基本功能。

1）数据管理功能

典型零件智能磨削工艺软件应当包含相关数据库，便于制造企业的设计和管理人员直接查询数据。软件中应当包含有机床、砂轮、材料、磨削液、砂轮修整等信息的基础数据，以及包含典型零件磨削加工过程中工艺实例与工艺知识规则的经验数据和决策数据。软件拥有这些数据信息之后，用户可以根据自身的实际需求方便地查询和调用这些数据，在提高软件可操作性的同时又确保了软件数据的准确性。只有合理地存储好这些数据，才能更好地实现典型零件工艺智能决策功能，因此数据的存储和调用等管理功能是软件应具备的基本功能。

2）用户管理功能

典型零件智能磨削工艺软件作为一个企业级的应用性系统，其主要操作应包括实现数据信息的增加、删除、修改、查找等功能，这就要求软件要具有安全性。本软件开发时应设置用户管理功能，在工艺软件的登录界面设置用户名和密码，保护工艺软件信息，确保软件安全性。

3）数据安全性功能

典型零件智能磨削工艺软件的数据信息主要存放在底层数据库中，因此，在调用底层数据库信息时需要对关键数据加密处理，确保数据信息的准确性和完整性。

4）工艺决策功能

磨削工艺方案决策是典型零件智能磨削工艺软件中最重要的一个功能，是软件功能的核心组成部分。此功能主要以磨削效率和磨削精度为目标，最大限度地利用已有的工艺、加工信息，实现工艺、加工知识的重用，从而达成工艺方案决策的目的。

4.2.2　软件体系结构和功能模块

1. 软件体系结构

通过对本软件设计需求分析，可建立典型零件智能磨削工艺软件总体框架，如图 4-13 所示。

凸轮轴智能磨削工艺软件应用流程

典型零件智能磨削工艺软件采用多层次架构，主要有以下五大层次：

1）数据存储层

数据存储层存储典型零件智能磨削工艺软件所需要的基础数据和工艺经验知识，这些数据主要通过以下三种途径采集：生产车间数据、文献资料数据和加工实验数据。采集的数据需通过审核才能存储于数据库中，以确保该数据的准确性。

2）数据操作层

数据操作层采用数据访问技术对存储的数据进行调用，为数据管理层服务。

3）数据管理层

数据管理层作为该典型零件智能磨削工艺软件的主要部分，该层次包括基础数据管理、经验数据管理、决策数据管理和数据安全管理等。

4）系统算法层

系统算法层作为该典型零件智能磨削工艺软件的重要部分，利用实例优选算

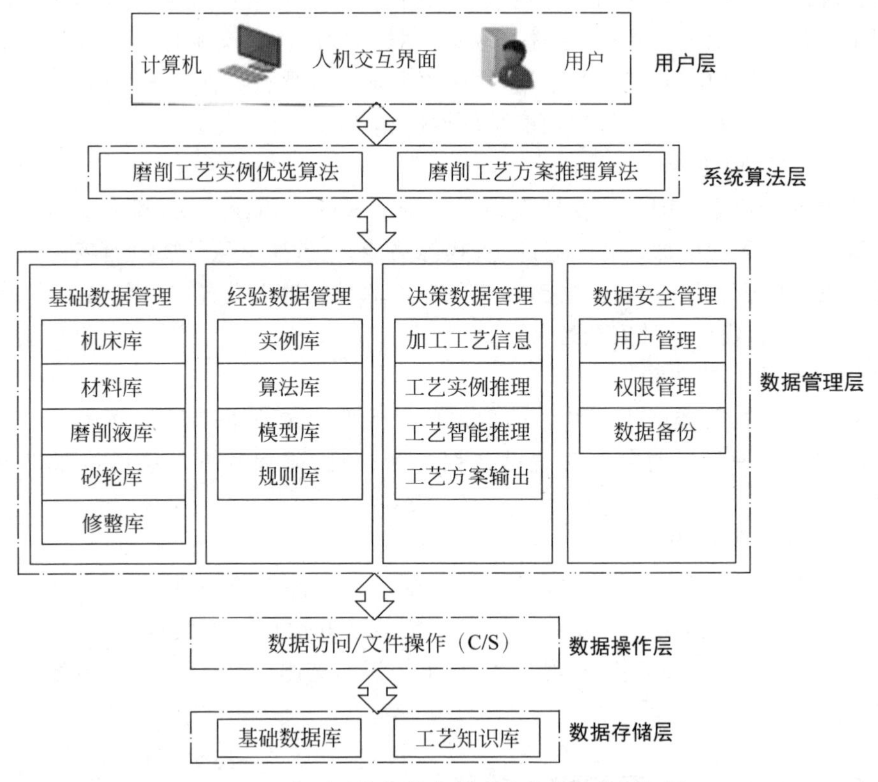

图 4-13　典型零件智能磨削工艺软件总体框架图

法和工艺推理算法，为数据管理层中结果输出提供算法支持。

5）用户层

用户层是数据库管理者或者企业技术人员对工艺软件使用的界面，本软件的设计使得用户以人机交互的形式对工艺软件进行操作。

2. 软件功能模块

开发的典型零件智能磨削工艺软件主要由以下四个模块组成：基础数据库模块、工艺知识库模块、工艺定义模块和决策优化模块。

1）基础数据库模块的设计

基础数据库模块的主要作用是对典型零件加工制造过程中的各项数据信息进行存储与分析，通过该模块的设计，可以为典型零件加工制造过程中工艺定义、决策优化模块提供数据信息支撑。该模块主要由五个子库组成，分别是机床库、砂轮库、磨削液库、材料库、修整库。用户均可以在软件界面上对该数据库中数据信息进行增加、删除、修改、查找操作。用户对基础数据库进行定时维护，确保数据信息之间交互使用。该模块结构如图 4-14 所示。

2）工艺知识库模块的设计

工艺知识库系统用于典型零件智能磨削知识信息存储以及演示。该模块包括四个子库：实例库、模型库、算法库、规则库，存储了典型零件智能磨削过程中所用到的实例、模型、算法、规则。该软件具有完整的增加、删除、修改、查找功能，具有高稳定性、高效率等特点，该模块结构如图4-15所示。

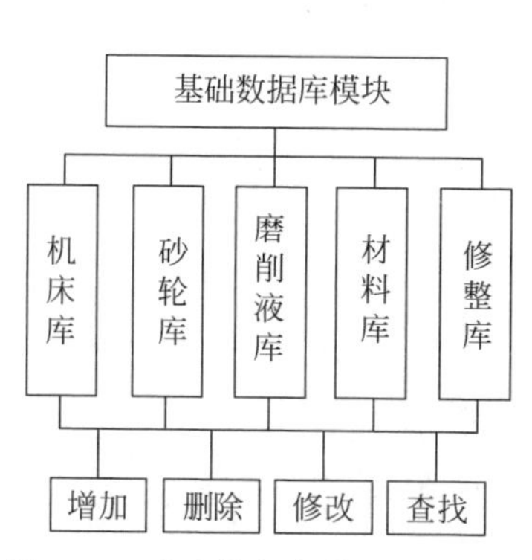

图4-14 基础数据库模块的结构图

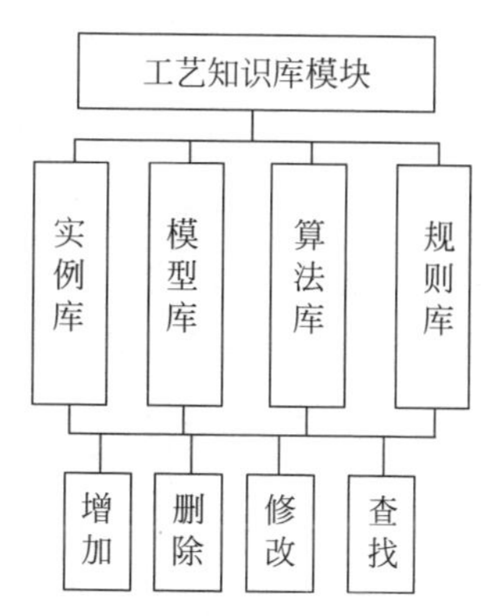

图4-15 工艺知识库模块的结构图

3）工艺定义模块的设计

工艺定义是针对一个工艺问题的具体描述进行"填空"，完成对一个工艺问题的完整描述，从而建立起工艺问题模型的实例。

工艺定义模块用来规范定义待解决的磨削工艺问题，用户通过该模块输入必要的基本工艺要素信息，如待加工零件的基本物理特性、加工质量要求、材质种类、基本几何要素等信息。用户输入完成基本原始要素信息后，该模块将生成一个规范化的标准工艺问题定义文件，提供给软件内的其他模块进行调用。该模块用于待求解工艺问题的输入、修改等实际操作，处理完毕之后都定义为一个新的工艺问题，再交给后续模块做工艺求解处理。

工艺定义模块涉及的主要技术要领是如何准确、全面、简洁地表达零件工艺问题信息。该模块采用了框架表示法来表达零件的工艺问题信息。该模块结构如图4-16所示。

4）决策优化模块的设计

决策优化模块中包含有实例优选与工艺推理两个子模块。磨削加工工艺问题定义完成后，软件将首先启动决策优化模块下的磨削工艺实例优选子模块。

磨削工艺实例优选子模块使用CRITIC法进行计算，获得典型零件磨削加工的特征属性客观权重大小，并使用层次分析法计算主观特征属性权重，最后综合主、客观权重，使用线性加权原理，组合赋权后得到最终的特征属性权重大小。通过计算得到特征属性权重后，再利用实例推理模型进行实例检索、修改、重用，匹配

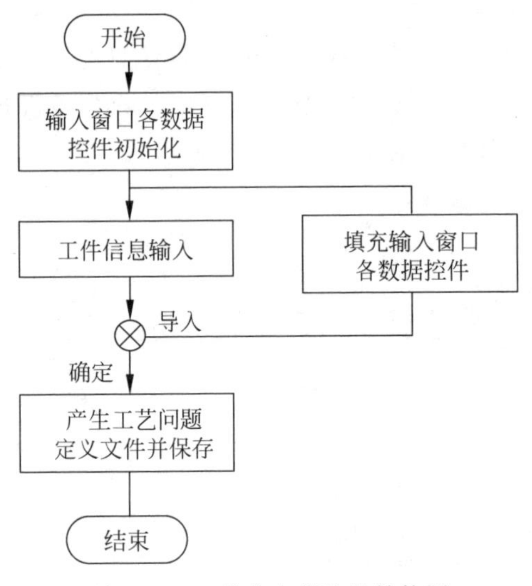

图 4-16　工艺定义模块的结构图

与目前工艺问题最相似的实例。

若实例库中实例与该工艺问题的相似度过低，没有达到设定阈值，或者实例优选子模块无法推理出令操作人员满意的工艺实例集时，软件将会自动进入磨削工艺智能推理子模块。磨削工艺智能推理子模块包含神经网络推理模型，用其来智能推理磨削工艺方案中的工艺参数。例如：磨削余量、砂轮线速度、进给速度等参数均采用神经网络模型的非线性映射推理所得。该模块结构如图 4-17 所示。

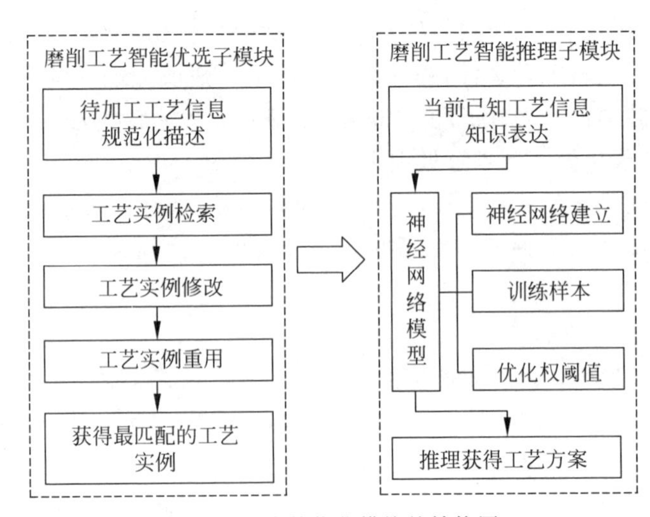

图 4-17　决策优化模块的结构图

4.2.3　软件开发

1. 典型零件智能磨削工艺软件开发工具和环境配置

在进行工艺软件设计时，由于典型零件智能磨削工艺软件的数据表包含的数据信息相对较多，再综合考虑其他各个方面的情况，如数据库管理软件的运行环境、兼容性等，进行数据库管理系统（DBMS）产品的选择时，选用微软公司的 Microsoft SQL Server 2008 数据库管理软件对数据信息进行存储。在进行系统软件开发平台选择时，需要充分考虑系统界面设计的简洁性、便捷性以及在调用后台数据库信息时能否实现快速响应等，Microsoft Visual Basic 6.0 软件是一款可视化编程软件，可以高效快速地完成软件界面的设计。因此选择 Microsoft Visual Basic 6.0 开发平台进行典型零件智能磨削工艺软件的开发，同时利用微软公司的 ADO（即 ActiveX Data Object）数据访问技术实现对后台数据库系统的访问，结果便捷并且高效。

典型零件智能磨削工艺软件是基于 C/S（即 Client/Server，客户端/服务器）架构进行开发的，软件客户端使用 Microsoft Visual Basic 6.0 进行开发，服务器端使用的数据库管理系统是微软公司的 Microsoft SQL Server 2008，后台数据库访问使用微软公司的 ADO 数据访问技术，工艺智能决策软件技术方案如图 4-18 所示。

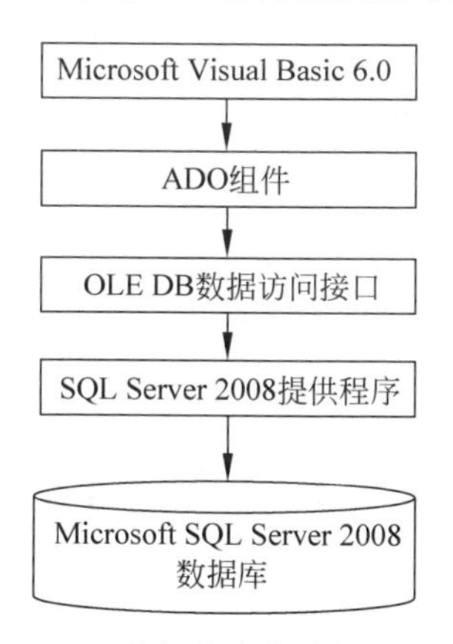

图 4-18　工艺智能决策软件技术方案

典型零件智能磨削工艺软件开发完成之后，要能够实现正常安装和使用需要如下的配置：

（1）计算机硬件配置：Intel 486 处理器以上、2 GB 内存、100 GB 以上硬盘空间。

（2）计算机软件环境配置：Windows XP SP3/Windows 7 及以上操作系统，且要确保操作系统已注册所需要的 ActiveX 控件。

2. 加工工艺信息定义

工艺信息规范化表示的过程就是完成对一个工艺问题的完整描述，它的目的是在工艺求解过程中把所需要的各种已知条件都保存在该问题空间中，从而建立起工艺问题的模型来让计算机进行识别和调用。针对工艺问题的具体数据定义，研究并开发出工艺定义模块。

零件磨削加工的工艺信息含有较多的信息数据，其中包括工艺类别信息、设备资源信息、加工零件信息等。因为规范化表示工艺信息具有可扩展性、通用性等特点，所以在进行规范化表示的过程中将每一类子信息都做了不同程度的工艺应用范围的信息综合以及信息抽象。

工艺类别信息主要是各类型的具体加工方式；加工零件信息包含零件的毛坯材料特征描述、加工精度及质量要求描述、几何结构描述等内容；设备资源信息主要由机床装备的结构参数、加工规格参数等组成。机床设备包括机床设备的规格型号、相关参数、属性等。

对工艺信息进行定义和数字化处理时，必须做到规范和简洁，以便于实现工艺软件各个模块之间的数据处理和信息共享。工艺定义模块的规范化表示需要具体定义的内容主要有：工艺类别信息、设备资源信息和零件特征信息。故完整的工艺信息规范化描述框架如图 4-19 所示。

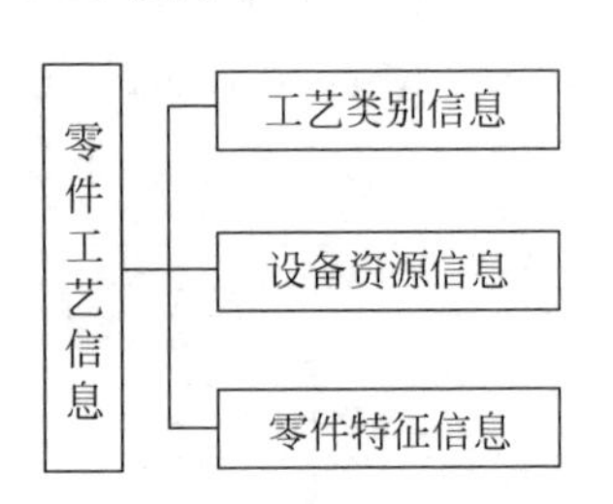

图 4-19　工艺信息规范化描述框架

3. 工艺定义模块的开发

工艺定义模块界面为人机交互界面，用户对该模块操作较为频繁，因此要求用户输入界面简洁明了，直观可视，输入简单，最大化地减少输入工作量，同时对输入的数据有检查功能，容错性好。

典型零件智能磨削工艺软件工艺定义模块界面如图 4-20 所示。

该模块具体功能与操作如下。

(1) 机床类型与加工方式的选择：在工艺信息输入区，选择“机床”项这一页后，即可选择机床类型与加工方式。

(2) 工件属性的输入：在工艺信息输入区，选择“属性”这一页即可进入工件属性输入表，在每一属性对应的右边空格里输入其工件属性值。其中材料类型、材料牌号、零件类型等有下拉列表的选项，其属性值必须从下拉列表中选择一个值。其余工件属性值一般要求输入数字。

(3) 工艺问题导入：工艺问题文件必须为“. txt”文本文档，文本文档中内容由

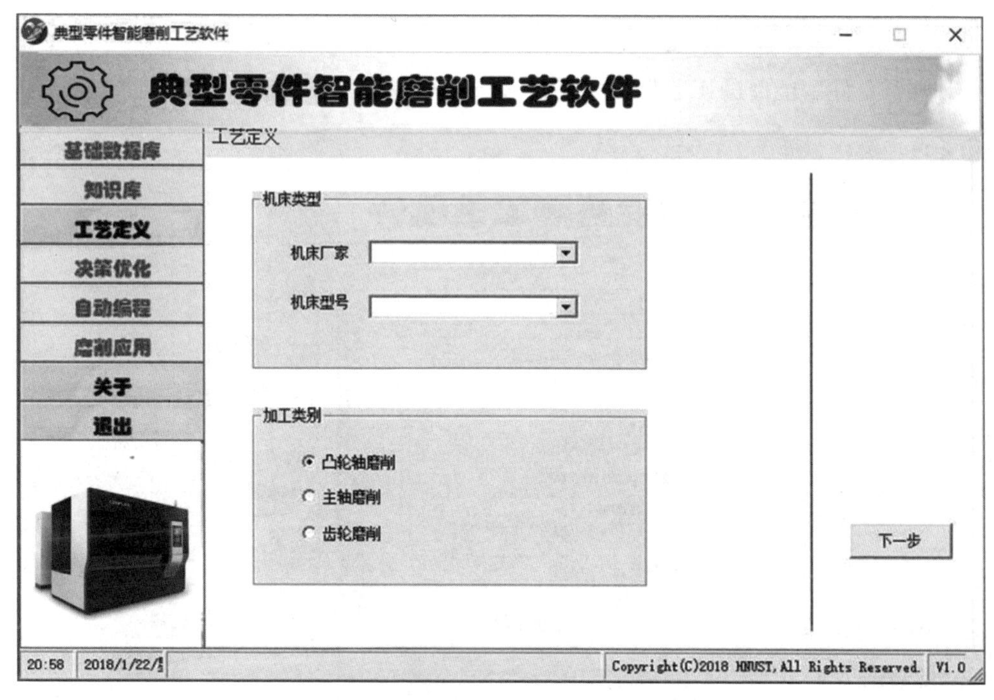

图 4-20 典型零件智能磨削工艺软件工艺定义模块界面

两列组成，第一列是属性名称，第二列是信息数值。单击"工艺问题导入"按钮，选择需要导入的文件，系统即可自动读取文本文档内容，完成上文第(2)点的输入，将信息自动填入对应的位置。

4. 实例优选子模块的开发

基于前文的研究，将CRITIC法、层次分析法、最近邻算法等人工智能算法与实例推理模型相结合，进行程序化编译，在Visual Basic 6.0中开发该模块的部分程序如下：

```
'实例推理模型,KCBR(Vs,Vw, ap);
'sl():新工艺问题数组;
'子函数/过程调用申明
KCRetrieval(sl(), n)'                实例检索
KCaseReuse(sl(), w(), n)'            实例重用
KCaseModifi'                         实例修改
KCaseRec'                            实例回收
KObjWeiCalcu(sl(),n, i)'             算法库 CRITIC 算法
KSubWeiCalcu(CompMat(), n, i)'       #算法库层次分析法
KWeiCalu(OW(),SW(), n, i)'           #算法库组合赋权算法
KGloSimCalcu(simk(),w(),l,i,m)'      #算法库最近邻算法
Call KCRetrieval(sl(), n)
Call KCaseReuse(sl(), w(), n)
Call KCaseModifi
```

```
Call KCaseRec
......
```

典型零件智能磨削工艺软件实例优选子模块界面如图4-21所示。

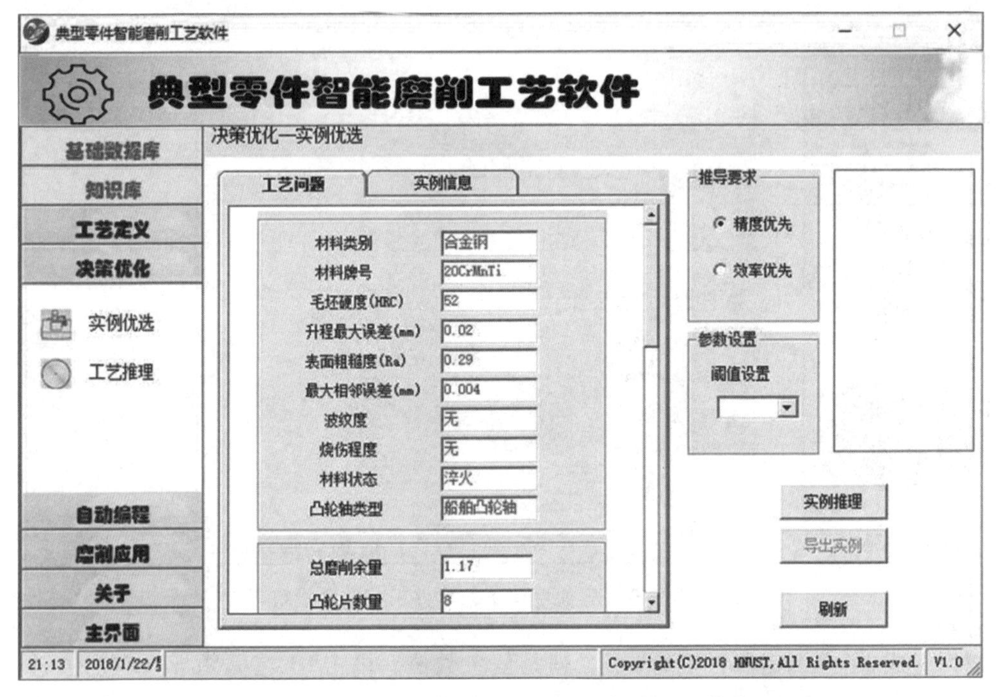

图4-21　典型零件智能磨削工艺软件实例优选子模块界面

决策优化实例优选子模块解决"工艺问题定义"后，会推理出合理的实例以供用户选择，进而指导实际加工。单击"决策优化"按钮，进入信息输出界面，再单击"实例优选"目录栏，可以看到实例输出的界面。选择"推导要求"，进行"阈值设置"，单击"实例推理"，并对推理出来的实例进行选择操作。

"实例优选"子模块操作注意事项：

(1) 若"参数设置"模块没有设置阈值，不能顺利进行推理，系统会弹出提示。

(2) 完成所有设置后，单击"实例推理"，实例代号窗口显示系统根据工艺条件推理出的相匹配的实例代号。

(3) 在显示区直接单击实例信息，信息输出界面显示出该实例所有参数，可根据需要进行选择操作。

(4) 选择区的精度与效率是对推理出来的实例的优劣的评判标准，用户可以根据它们选择合适的实例，用于解决当前加工问题。

(5) 选择实例作为加工指导：勾选实例，单击导出实例即可。

5. 工艺推理子模块的开发

根据上文对典型零件磨削工艺方案神经网络模型的研究，将建立好的神经网络模型与 BP 神经网络算法相结合，进行程序化编译，在 Visual Basic 6.0 中开发该模块的部分程序如下：

```
inlayer_notes = 5  '输入层节点数
midlayer_notes = 10  '隐层节点数
outlayer_notes = 8  '输出层节点数
n = 1000  '训练次数
E = 0.002  '误差
Y = 0.01  '学习率
Call get_data
'初始化网络
If Dir(App.Path & "\BPList.txt") <> "" Then
   filenum = FreeFile
   Open App.Path & "\BPList.txt" For Input As filenum
   Do Until EOF(filenum)
   For j = 1 To midlayer_notes
      For i = 1 To inlayer_notes
         Input #filenum, imw(j, i)
      Next i
   Next j
   Loop
   Close #filenum
Else
   Randomize
   For j = 1 To midlayer_notes
      For i = 1 To inlayer_notes
         imw(j, i) = Rnd() * 2 - 1
      Next i
   Next j
End If
......
```

典型零件智能磨削工艺软件工艺推理子模块界面如图 4-22 所示。

决策优化工艺推理子模块主要解决“实例优选”子模块中推理不出令人满意的实例的情况。通过人工智能算法学习相似实例并推导出工艺参数，进而指导实际加工。单击“决策优化”按钮，进入信息输出界面，再单击“工艺推理”目录栏，就可以看到界面。

“工艺推理”子模块的操作为：选择好加工类型与材料后，单击“网络学习”即可。学习过程会需要一定的时间(与数据库中保存的相应实例数量有关)，且学习完成时会弹出提示框。样本学习完成后，单击“工艺推理”按钮，进行神经网络模型工艺推理操作，推理完成后，对应的输出栏会显示推理出的工艺参数值。

该子模块需要注意的事项为网络学习框内的参数值必须设置完全，否则操作时会弹出提示信息框。

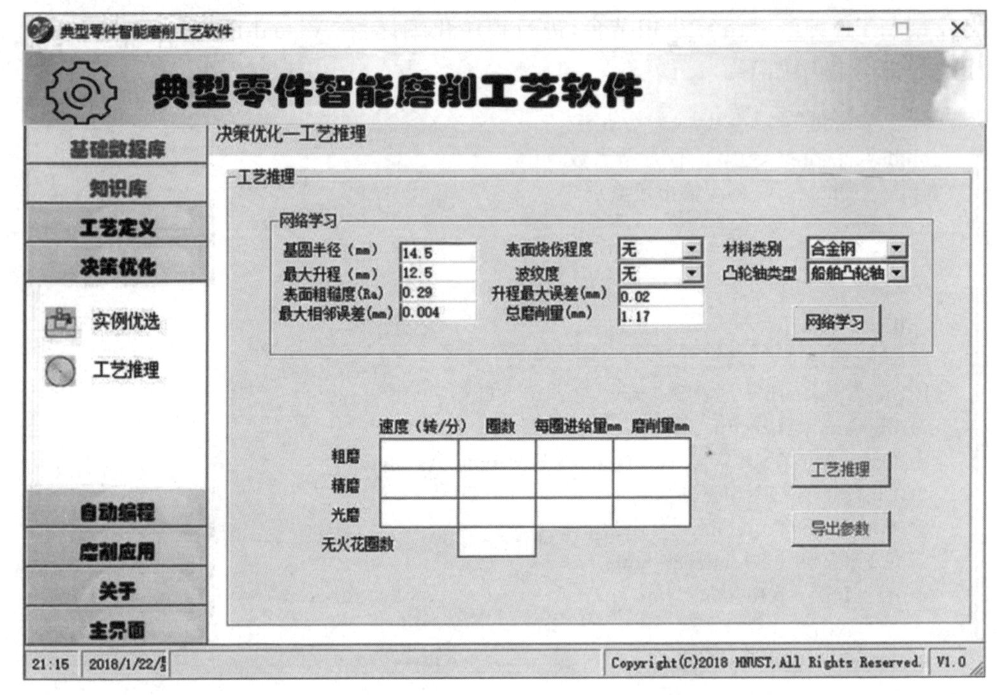

图 4-22　典型零件智能磨削工艺软件工艺推理子模块界面

4.2.4　软件应用

1. 主要界面

1）登录界面

在具有前文所述软硬件配置的计算机上完成典型零件智能磨削工艺软件安装之后，计算机桌面会自动生成快捷方式，用户可以双击桌面名为“典型零件智能磨削工艺软件”的快捷方式进入系统访问，或者通过 Windows 系统的开始菜单，依次选择“开始→程序→典型零件智能磨削工艺软件”中的后缀名为.exe 的文件，进入系统的登录界面。典型零件智能磨削工艺软件登录界面如图 4-23 所示。

2）软件主界面

在软件登录界面输入用户名以及密码之后，进入典型零件智能磨削工艺软件主界面如图 4-24 所示。软件主界面包括标题栏、工具栏和状态栏三部分。软件的标题栏位于界面的最上方，在标题栏上通常显示软件对应版本的标志和软件名称，在标题栏右侧部位，提供了实用的按钮：缩放按钮和关闭按钮。工具栏是用户在操作过程中最常用的一种快捷辅助工具。它位于标题栏下方，包括“基础数据库”“知识库”“工艺定义”“决策优化”“自动编程”“磨削应用”“关于”“退出”八个工具项。状态栏依次显示系统时间，软件日期，版权所有，版本号。如果对状态栏的某个区域显示信息不熟悉，那么可以将鼠标指针置于该区域处片刻，软件就会自动在鼠标指针下部显示出该显示区域的信息说明。

图 4-23　典型零件智能磨削工艺软件登录界面

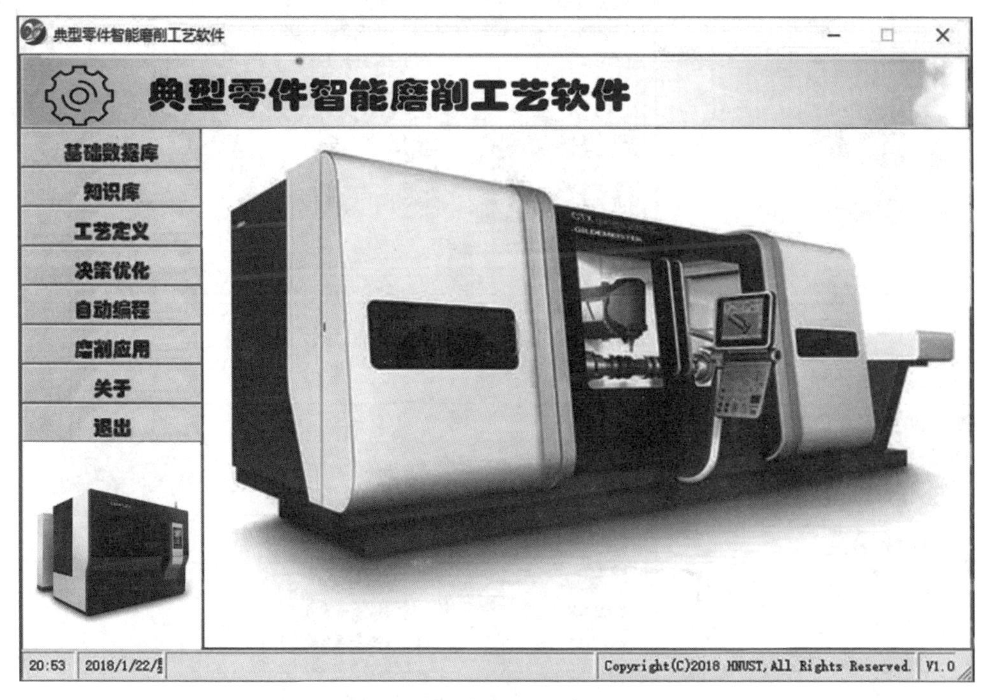

图 4-24　典型零件智能磨削工艺软件主界面

3）数据库示例

接下来对五个基础数据库的界面操作进行运行示例，并且简述各自的功能。

（1）机床库。软件机床库的主要功能是存储典型零件磨削加工的机床信息，用户可以在该操作界面上对机床信息进行增加、删除、修改、查找等操作。典型零件智能磨削工艺软件机床库界面如图 4-25 所示，机床库中包含的数据信息有机床类型、机床型号、总功率、总重量、机床总尺寸、工件规格、工件最大加工重量等信息。

（2）砂轮库。软件砂轮库的主要功能是存储典型零件磨削加工的砂轮信息，用户可以在操作界面上对砂轮信息进行增加、删除、修改、查找等操作。典型零件智能磨削工艺软件砂轮库界面如图 4-26 所示，砂轮数据库中包含的数据信息有砂轮

图 4-25　典型零件智能磨削工艺软件机床库界面

图 4-26　典型零件智能磨削工艺软件砂轮库界面

类型、砂轮型号、砂轮形状、砂轮外径、砂轮宽度、砂轮孔径、最高线速、结合剂、定位方式等信息。

(3) 材料库。软件材料库的主要功能是存储典型零件磨削加工的材料信息，用户可以在操作界面上对材料信息进行增加、删除、修改、查找等操作。典型零件智能磨削工艺软件材料库界面如图 4-27 所示，材料数据库中包含的数据信息有材料编号、材料类型、材料牌号、材料类别、热处理方法、表面硬度等信息。

图 4-27　典型零件智能磨削工艺软件材料库界面

(4) 磨削液库。软件磨削液库的主要功能是存储典型零件磨削加工的磨削液信息，用户可以在操作界面上对磨削液信息进行增加、删除、修改、查找等操作。典型零件智能磨削工艺软件磨削液库界面如图 4-28 所示，磨削液数据库中包含的数据信息有磨削液编号、磨削液类型、磨削液牌号、磨削液类别、品牌、密度等信息。

(5) 修整库。软件修整库的主要功能是存储典型零件磨削加工的砂轮修整信息，用户可以在操作界面上对修整信息进行增加、删除、修改、查找等操作。典型零件智能磨削工艺软件修整库界面如图 4-29 所示，修整数据库中包含的数据信息有修整类型、型号、品牌、结合剂、材质、粒度等信息。

4) 工艺知识库示例

本文接下来对知识库的四个子模块界面进行运行示例，并且简述各自的功能。

(1) 实例库。单击"实例库"按钮进入典型零件智能磨削工艺软件实例库主界面，如图 4-30 所示。该界面主要由三个页面组成，分别显示实例的工艺问题描述、

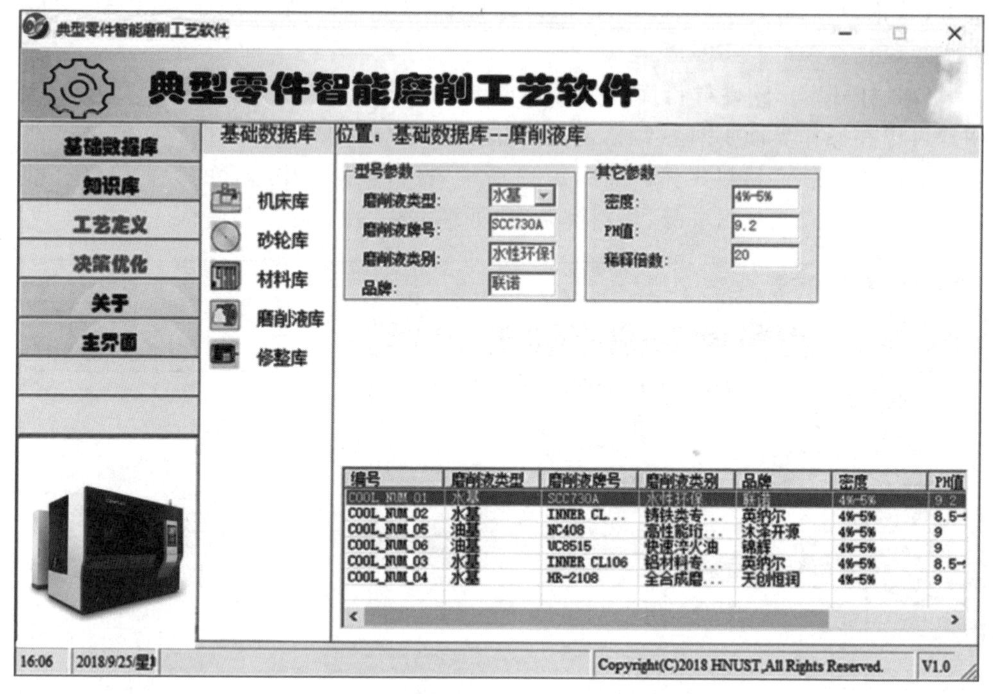

图 4-28　典型零件智能磨削工艺软件磨削液库界面

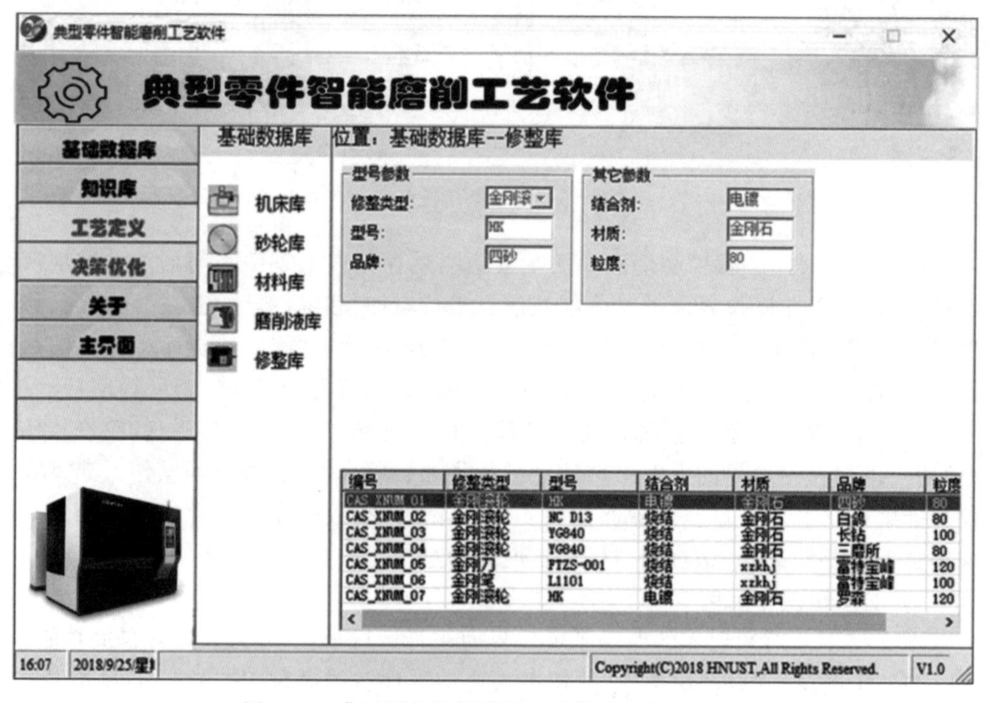

图 4-29　典型零件智能磨削工艺软件修整库界面

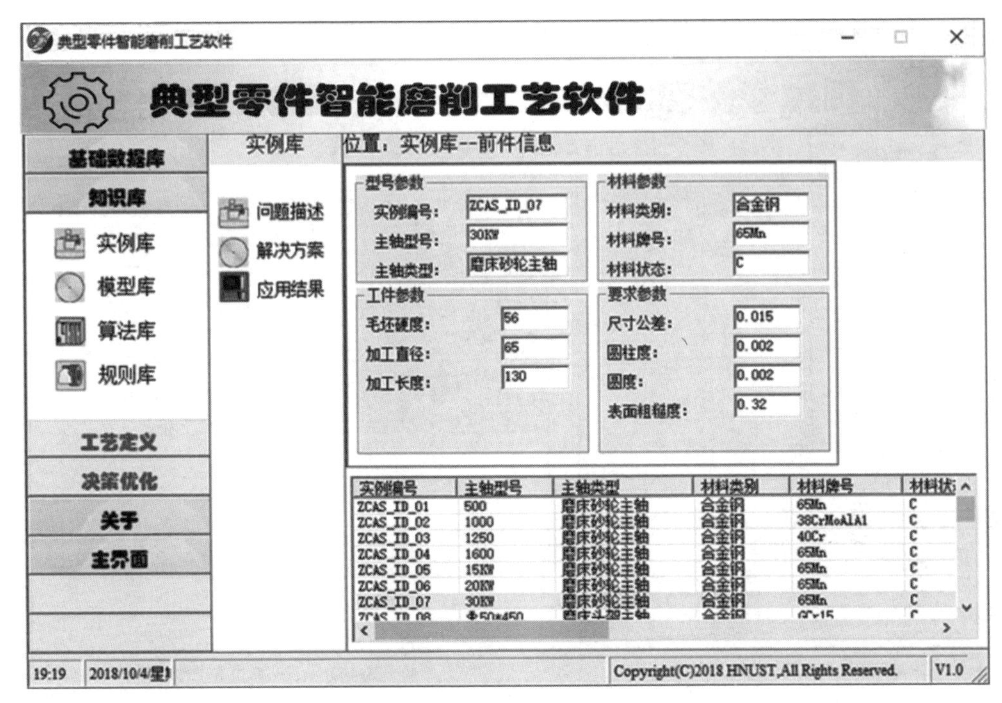

图 4-30　典型零件智能磨削工艺软件实例库主界面

工艺问题解决方案和实际应用结果，可以通过单击相应的标签项进行切换。实例编号是每条实例的唯一索引。每个页面下方的数据表显示了全部实例的这些信息，单击数据表中的某一具体实例，其信息就会在上方相应的信息显示栏显示出来。

(2) 模型库。单击"模型库"按钮进入模型库主界面。通过目录栏对不同的模型进行选择，右侧信息显示栏将会有模型的介绍、模型图以及程序代码。典型零件智能磨削工艺软件模型库主界面如图 4-31 所示，界面右侧是对实例推理模型的介绍，该模型用于工艺软件决策优化模块的实例优选子模块。模型库下方的操作栏还可以实现模型的增加、修改、删除等操作，并通过"刷新"按钮实现数据更新。

(3) 算法库。单击"算法库"按钮进入算法库主界面。通过目录栏对不同的算法进行选择，右侧信息显示栏将会有算法介绍、流程图以及程序代码。典型零件智能磨削工艺软件算法库主界面如图 4-32 所示，选择算法为神经网络算法，该算法用于工艺软件决策优化模块的工艺推理子模块，算法流程图如图中所示。算法库下方的操作栏可以实现算法库中算法的增加、修改、删除等操作，并通过"刷新"按钮实现数据更新。为了让软件操作人员更好地了解算法的功能，操作区里也加入了算法演示功能。

(4) 规则库。单击"规则库"按钮进入典型零件智能磨削工艺软件规则库主界面，如图 4-33 所示。左边的列表框显示了规则的种类，通过选中不同类型的规则，

图 4-31　典型零件智能磨削工艺软件模型库主界面

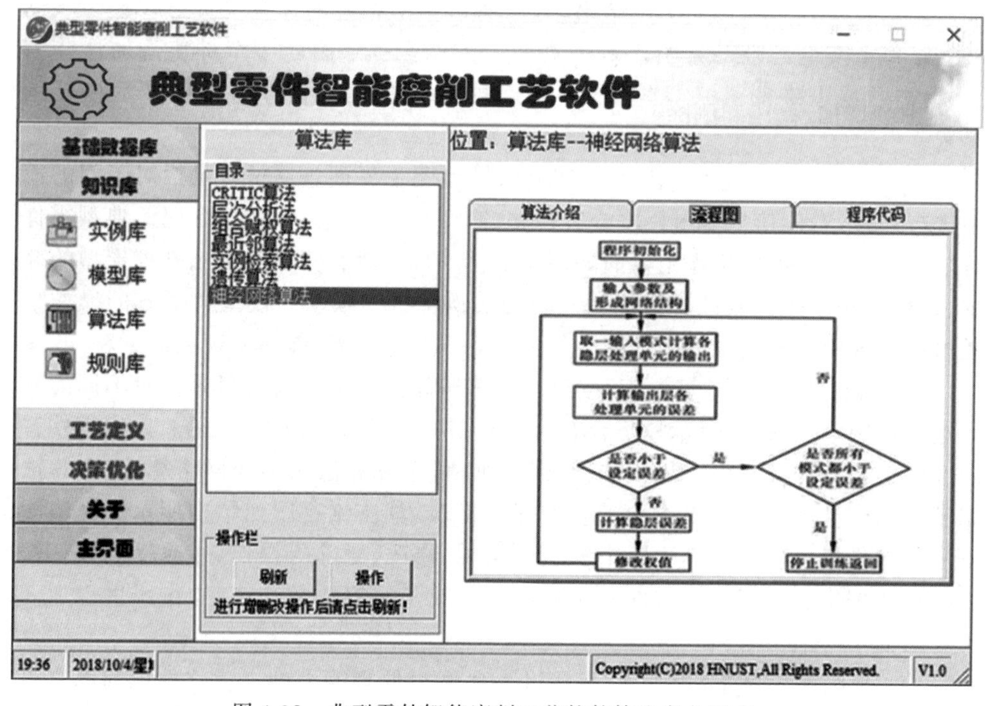

图 4-32　典型零件智能磨削工艺软件算法库主界面

图 4-33　典型零件智能磨削工艺软件规则库主界面

右下方的数据表会显示该种类型的全部规则信息，为了便于查看，可以单击任一规则将其信息显示在上方相应的信息显示栏内。通过下方的操作栏可以实现规则库中规则的增加、修改和删除。

5）工艺定义模块示例

在软件主界面上，单击“工艺定义”，显示典型零件智能磨削工艺软件工艺定义模块界面，如图 4-34 所示。单击界面左侧的“机床”“属性”两个选项按钮，可以将新工艺问题信息进行手动输入或者单击“工艺问题导入”，进行新工艺问题的导入。

6）决策优化模块示例

工艺定义完成后，在软件主界面上，单击“决策优化”，进入典型零件智能磨削工艺决策优化模块中的实例优选子模块界面，如图 4-35 所示。选择推导要求，输入相似度阈值，单击菜单栏的“实例推理”按钮，在右侧信息栏将会显示出高于阈值的参考实例。

选择生成的参考实例，中部信息栏将会出现选中实例的所有信息。单击“导出实例”，能将选中实例导出，如果实例满足加工要求单击“是”，则完成本次磨削工艺的推理，不满足要求则单击“否”进入工艺推理模块。

单击目录栏的“工艺推理”按钮或者在前面一步中单击“否”按钮进入典型零件智能磨削工艺软件工艺推理子模块，如图 4-36 所示。选择网络学习中的信息之后单击“网络学习”按钮进行同类型样本学习，学习完成后会出现相应的提示框。

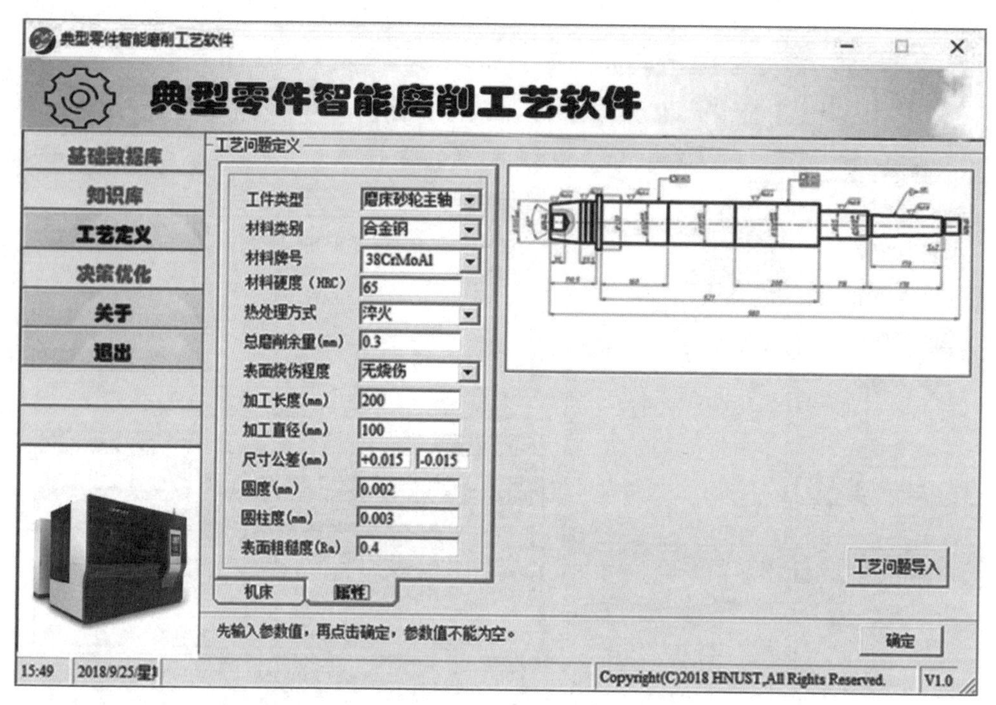

图 4-34 典型零件智能磨削工艺软件工艺定义模块界面

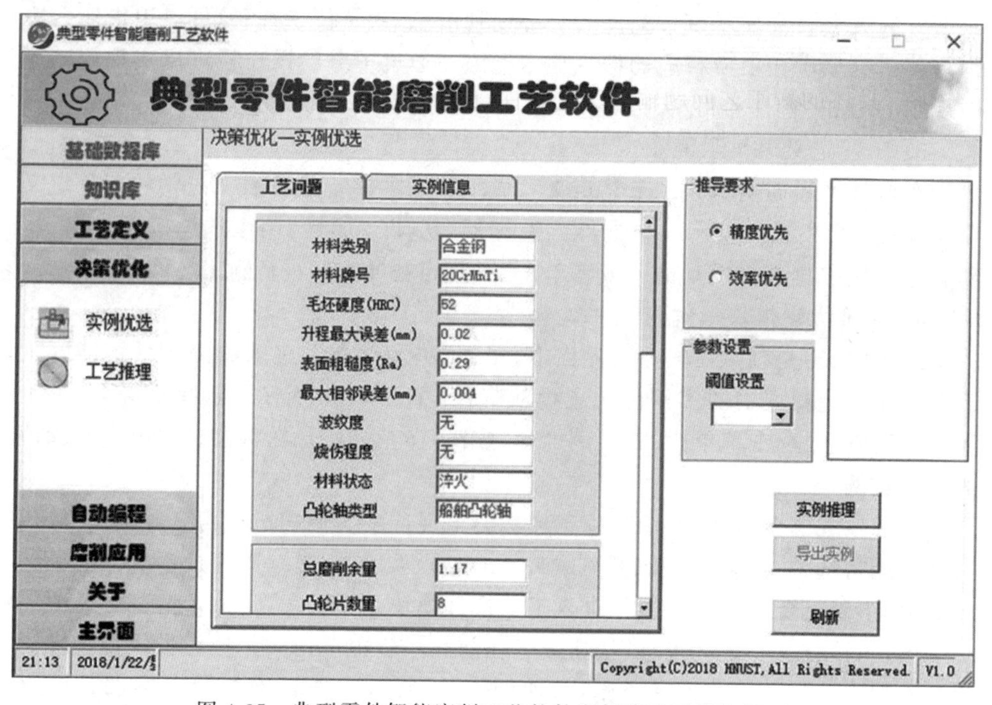

图 4-35 典型零件智能磨削工艺软件实例优选子模块界面

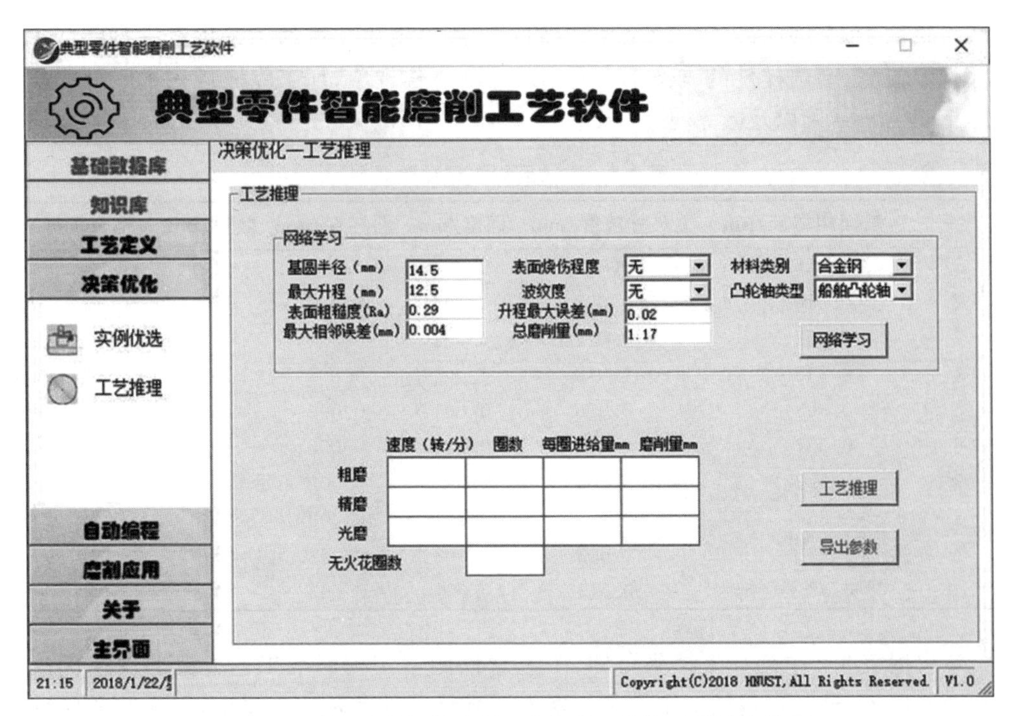

图 4-36　典型零件智能磨削工艺软件工艺推理子模块界面

单击“工艺推理”按钮，中间信息栏将出现推理后的加工信息。

2. 应用验证

以一具体的新工艺问题输入工艺软件，进行工艺方案决策，得到最终工艺方案后，使用该方案加工主轴毛坯，测量实际加工精度与效率，最后分析结果是否达到加工要求。

以某机床厂的磨床砂轮主轴为实验对象，磨床主轴零件图如图 4-37 所示。试验时磨削主轴 $\phi 100$ mm±0.015 mm 的外圆，进行磨削工艺试验，推理工艺方案，测量加工结果，分析试验数据。磨床主轴的工件材料为 38CrMoAl，毛坯件使用的热处理工艺为淬火，材料硬度(HRC)为 65，总磨削余量为 0.3 mm，其余加工要求如图 4-37 所示。

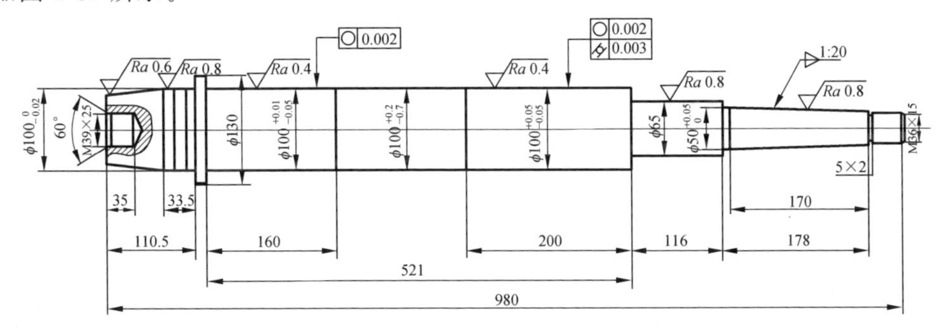

图 4-37　磨床主轴零件图

选取10个磨床砂轮主轴毛坯，使用工艺决策模块获得的工艺方案进行磨削实验。经检测，磨削样件的表面都没有出现磨削烧伤现象，加工完成后该批零件的实际精度测量结果以及效率见表4-8。

表4-8 主轴磨削工艺试验结果

序号	表面粗糙度/μm	尺寸精度/mm	圆度/mm	圆柱度/mm	效率/min	是否可行
1	0.306	0.009	0.002	0.003	50	是
2	0.316	0.003	0.001	0.002	80	是
3	0.352	0.014	0.002	0.003	108	是
4	0.345	0.012	0.001	0.003	53	是
5	0.368	0.006	0.001	0.002	65	是
6	0.321	0.004	0.001	0.002	33	是
7	0.372	0.004	0.001	0.002	55	是
8	0.35	0.009	0.001	0.002	34	是
9	0.371	0.003	0.002	0.003	47	是
10	0.33	0.011	0.001	0.002	45	是

根据表4-8中的加工结果可知，工艺软件能够实现磨削工艺方案的快速优选和智能推理，最终获得的加工工艺方案能够满足工件实际加工要求，各个服务模块能正常运行，无异常现象。

为了验证系统工艺决策的稳定性与可重复性，在某企业进行了应用验证。开发的典型零件智能制造工艺软件在某企业生产的MKG1320超高速外圆磨床上配套使用，与该型机床配套使用效果良好。实际生产中，累计加工不同种类和不同结构的主轴产品50种，其中48种产品的工艺参数决策满足加工要求。主轴磨削加工结果中决策正确率达到96%，工艺决策时间由原来的3～4 h，缩短到1～2 h，缩短决策时间约50%。

实践结果表明，开发的典型零件智能制造工艺软件，能显著提高主轴磨削工艺方案的决策正确率，减少工艺方案的决策时间，从而提高了加工效率。

参考文献

[1] 张胜文,赵良才.计算机辅助工艺设计——CAPP系统设计[M].2版.北京:机械工业出版社,2017.

[2] 蒋帅,朱鹏超.计算机辅助工艺设计——开目CAPP教程[M].西安:西安交通大学出版社,2014.

[3] 邓朝晖,万林林,邓辉,等.智能制造技术基础[M].2版.武汉:华中科技大学出版社,2021.

[4] 董家骧.计算机辅助工艺过程设计系统智能开发工具[M].北京:国防工业出版社,1996.

[5] 焦爱胜.计算机辅助工艺规划(CAPP)[M].西安:西安电子科技大学出版社,2016.

[6] 曾攀.有限元分析及应用[M].北京:清华大学出版社,2004.

[7] 孙波.计算机辅助工艺设计技术及应用[M].北京:化学工业出版社,2011.

[8] 岳彩旭.金属切削过程有限元仿真技术[M].北京:科学出版社,2017.

[9] 王大中.基于有限元理论的金属切削机理研究[M].北京:电子工业出版社,2018.

[10] 王涌泉.基于三维CAPP系统的工艺数据应用的研究[D].济南:山东大学,2019.

[11] 武建强.基于CAPP的轴类零件机加工应用研究[D].呼和浩特:内蒙古农业大学,2018.

[12] 孔锐.制造特征提取与智能工艺决策技术研究[D].青岛:山东科技大学,2011.

[13] 李华.面向知识管理的智能工艺设计研究与应用[D].上海:东华大学,2010.

[14] 项前.可重构的纺织品智能工艺设计与虚拟加工方法及应用研究[D].上海:东华大学,2011.

[15] 罗竞.典型结构件加工工艺数据库智能系统的研究[D].武汉:武汉工程大学,2018.

[16] 王军.智能集成CAD/CAPP系统关键技术研究[D].秦皇岛:燕山大学,2010.

[17] 潘青姑.基于PLM平台的汽车典型零件加工工艺规划方法研究与应用[D].武汉:武汉理工大学,2019.

[18] 李嘉霖.基于数据挖掘的滤棒生产工艺参数优化研究[D].昆明:云南财经大学,2020.

[19] 刘茜.冲压CAPP工艺设计系统[D].南昌:南昌航空大学,2016.

[20] 王涌泉.基于三维CAPP系统的工艺数据应用的研究[D].济南:山东大学,2019.

[21] 周杨.轴类零件的智能化CAPP系统设计及研究[D].上海:上海工程技术大学,2015.

[22] 张晓红.凸轮轴数控磨削工艺智能专家系统的研究及软件开发[D].长沙:湖南大学,2010.

[23] 葛智光.典型零件智能磨削工艺软件及其云平台系统研发[D].湘潭:湖南科技大学,2018.

[24] 钟君焐.典型箱体零件特征识别技术与三维数字化工艺设计应用研究[D].湘潭:湖南科技大学,2018.

[25] 孙玉晶.钛合金铣削加工过程参量建模及刀具磨损状态预测[D].济南:山东大学,2014.

[26] 赫连旭阳.基于ABAQUS的金属切削过程有限元仿真研究[D].石家庄:河北科技大学,2017.

[27] 马涛.TC4合金薄壁件铣削加工有限元仿真分析及加工工艺优化[D].天津:天津工业大学,2018.

[28] 郝胜宇.凸曲面拼接模具铣削过程有限元仿真研究[D].哈尔滨:哈尔滨理工大学,2018.

[29] 王志红.面向CAPP的智能工艺决策方法研究[D].成都:电子科技大学,2005.

[30] 丘宏俊.基于知识的飞机装配工艺设计关键技术研究[D].西安：西北工业大学,2006.

[31] 王春晖.模具高速铣削智能工艺决策技术研究[D].长春：吉林大学,2008.

[32] 李华.面向知识管理的智能工艺设计研究与应用[D].上海：东华大学,2010.

[33] 王洪.车间资源约束下的绿色工艺分层决策智能模型及其应用研究[D].重庆：重庆大学,2015.

[34] 戴佳铭.桌面级激光烧结机开放式结构设计及智能工艺系统研究[D].长春：东北林业大学,2020.

[35] ZHANG C,ZHOU G,HU J,et al. Deep learning-enabled intelligent process planning for digital twin manufacturing cell[J]. Knowledge-Based Systems,2020,191：105247.

[36] LV L S,DENG Z H,LIU T,et al. Intelligent technology in grinding process driven by data:a review[J]. Journal of Manufacturing Processes,2020,58：1039-1051.

[37] FOUMANI H B,LOHTANDER M,VARIS J. Intelligent process planning for smart manufacturing systems：a state-of-the-art review[J]. Procedia Manufacturing,2019,38：156-162.

[38] TAO F,ZHANG H,LIU A,et al. Digital twin in industry：State-of-the-art[J]. IEEE Transactions on Industrial Informatics,2019,15：2405-2415.

[39] DENG Z H,LV L S,HUANG W L,et al. A high efficiency and low carbon oriented machining process route optimization model and itsapplication[J]. International Journal of Precision Engineering and Manufacturing-Green Technology,2019,6(1)：23-41.

[40] BERNARD S M,WANG X K,LIN C Y. Neuro-fuzzynetworks in CAPP[J]. Chinese Journal of Mechanical Engineering,2000(1)：30-34.

[41] GOHARI H,BARARI A,KISHAWY H,et al. Intelligent process planning for additive manufacturing[J]. IFAC-PapersOnLine,2019,52(10)：218-223.

[42] GAO X,MOU W,PENG Y. An intelligent process planning method based on feature-based history machining data for aircraft structural parts[J]. Procedia Cirp,2016,56：585-589.

[43] PENG L,HU T,ZHANG C. STEP-NC Compliant intelligent process planning module：architecture and knowledge base[J]. Procedia Engineering,2011,15：834-839.

[44] 于勇,胡德雨,戴晟,等.数字孪生在工艺设计中的应用探讨[J].航空制造技术,2018,61(18)：26-33.

[45] 陶飞,刘蔚然,刘检华,等.数字孪生及其应用探索[J].计算机集成制造系统,2018,24(1)：1-18.

[46] 姚锡凡,练肇通,杨屹,等.智慧制造——面向未来互联网的人机物协同制造模式[J].计算机集成制造系统,2014,20(6)：1490-1498.

[47] GRABOWIK C,KALINOWSKI K,MONICA Z. Integration of the CAD/CAPP/PPC systems[J]. Journal of Materials Processing Technology,2005,164：1358-1368.

[48] MA H Y,ZHOU X H,LIU W,et al. A feature-based approach towards integration and automation of CAD/CAPP/CAM for EDM electrodes[J]. The International Journal of Advanced Manufacturing Technology,2018,98：2943-2965.

[49] 刘保华,靳晓庆.面向制造业信息化集成的CAPP系统的研究与开发[J].信息与电脑(理论版),2017(17)：69-71.

[50] 吴雪峰,马路.数据挖掘技术及在制造业的应用[J].计算机应用与软件,2017,34(10)：71-77.

[51] 周亚芳,范有雄,高森,等.面向智能制造的工艺设计[J].机械工程师,2019(5):109-111.
[52] 褚学宁,王治森,马登哲,等.CAPP 技术的智能化发展思路[J].中国机械工程,2003,14(23):2062-2066.
[53] 杨亚楠,史明华,肖新华.CAPP 的研究现状及其发展趋势[J].机械设计与制造,2008(7):223-225.
[54] 高晓梅,张永红.CAPP 知识库的建立与管理[J].科学技术与工程,2009,9(14):4044-4049.
[55] 刘检华,孙连胜,张旭,等.三维数字化设计制造技术内涵及关键问题[J].计算机集成制造统,2014,20(3):494-504.
[56] 田富君,田锡天,耿俊浩,等.基于模型定义的工艺信息建模及应用[J].计算机集成制造系统,2012,18(5):913-919.
[57] 乔立红,张金.三维数字化工艺设计中的关键问题及其研究[J].航天制造技术,2012(1):29-32.
[58] LI Z Y,DENG Z H,GE Z G,et al. A hybrid approach of case-based reasoning and process reasoning to typical parts grinding process intelligent decision[J]. International Journal of Production Research,2023,61(2):503-519.
[59] 吕黎曙,邓朝晖,刘涛,等.面向清洁生产的磨削工艺方案多层多目标优化模型及应用[J].中国机械工程,2022,33(5):589-599.
[60] LV L S,DENG Z H,MENG H J,et al. A multi-objective decision-making method for machining process plan and an application[J]. Journal of Cleaner Production,2020,260:121072.
[61] DENG Z H,LV L S,HUANG W L,et al. Modelling of carbon utilisation efficiency and its application in milling parameters optimization[J]. International Journal of Production Research,2020,58(8):2406-2420.
[62] 刘涛,邓朝晖,葛智光,等.面向凸轮轴磨削加工的智能决策云服务实现[J].中国机械工程,2020,31(7):773-780.
[63] DENG Z H,ZHANG H,FU Y H,et al. Research on intelligent expert system of green cutting process and its application[J]. Journal of Cleaner Production,2018,185:904-911.
[64] ZHANG H,DENG Z H,FU Y H,et al. A process parameters optimization method of multi-pass dry milling for high efficiency,low energy and low carbon emissions[J]. Journal of Cleaner Production,2017,148:174-184.
[65] DENG Z H,ZHANG H,FU Y H,et al. Optimization of process parameters for minimum energy consumption based on cutting specific energy consumption[J]. Journal of Cleaner Production,2017,166:1407-1414.
[66] 邓朝晖,符亚辉,万林林,等.面向绿色高效制造的铣削工艺参数多目标优化[J].中国机械工程,2017,28(19):2365-2372.
[67] DENG Z H,LV L S,LI S C,et al. Study on the model of high efficiency and low carbon for grinding parameters optimization and its application[J]. Journal of Cleaner Production,2016,137:1672-1681.
[68] 邓朝晖,孟慧娟,张华,等.基于组合赋权的机床加工工艺方案多目标综合决策方法[J].中国机械工程,2016,27(21):2902-2908.
[69] 谢智明,邓朝晖,刘伟,等.凸轮轴数控磨削云平台的研究与设计[J].中国机械工程,2016,

27(1)：91-100.

[70] 谢智明，邓朝晖，刘伟，等. 扩展型混合磨削云 PAAS 系统的研究与设计[J]. 中国机械工程，2015，26(21)：2910-2917，2922.

[71] ZHANG X H，DENG Z H，LIU W，et al. Combining rough set and case based reasoning for process conditions selection in camshaft grinding [J]. Journal of Intelligent Manufacturing，2013，24(2)：211-224.

[72] 邓朝晖，唐浩，刘伟，等. 凸轮轴数控磨削工艺智能应用系统研究与开发[J]. 计算机集成制造系统，2012，18(8)：1845-1853.

[73] 邓朝晖，张晓红，曹德芳，等. 粗糙集-基于实例推理的凸轮轴数控磨削工艺专家系统[J]. 机械工程学报，2010，46(21)：178-186.